U0182202

JEANETTE WINTERSON

[英] 珍妮特·温特森 著

苏十 译

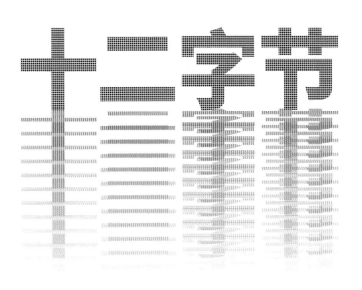

十二字节

过去、偏见和未来

中国科学技术出版社
·北京·

12 BYTES 12 BYTES 12 BYTES 12 BYTES 12 BYTES 12 BYTES 12 BYTES

12 BYTES

12 BYTES: HOW WE GOT HERE. WHERE WE MIGHT GO NEXT by
Jeanette Winterson, ISBN: 9780802159250
Copyright © Jeanette Winterson
This edition is published by arrangement with Peters, Fraser and Dunlop Ltd. through
Andrew Nurnberg Associates International Limited Beijing
Simplified Chinese translation copyright © 2023 by China Science and Technology Press
Co., Ltd.
All rights reserved.
北京市版权局著作权合同登记　图字：01-2023-5973

图书在版编目（CIP）数据

十二字节：过去、偏见和未来 /（英）珍妮特·温
特森（Jeanette Winterson）著；苏十译 . — 北京：
中国科学技术出版社，2024.4
书名原文：12 Bytes: How We Got Here. Where We
Might Go Next

ISBN 978-7-5236-0439-7

Ⅰ . ①十… Ⅱ . ①珍… ②苏… Ⅲ . ①人工智能－研
究 Ⅳ . ① TP18

中国国家版本馆 CIP 数据核字（2024）第 040545 号

策划编辑	刘　畅　屈昕雨	责任编辑	刘　畅
封面设计	今亮新声	版式设计	蚂蚁设计
责任校对	张晓莉	责任印制	李晓霖

出　　版	中国科学技术出版社
发　　行	中国科学技术出版社有限公司发行部
地　　址	北京市海淀区中关村南大街 16 号
邮　　编	100081
发行电话	010-62173865
传　　真	010-62173081
网　　址	http://www.cspbooks.com.cn

开　　本	880mm×1230mm　1/32
字　　数	241 千字
印　　张	11.375
版　　次	2024 年 4 月第 1 版
印　　次	2024 年 4 月第 1 次印刷
印　　刷	北京盛通印刷股份有限公司
书　　号	ISBN　978-7-5236-0439-7 / TP·467
定　　价	69.00 元

这本文集献给我的三个教子：艾丽·席勒、卡尔·席勒和露西·雷诺兹。露西在学习历史，以了解现在和未来（这就是人文学科的意义）。艾丽在独自写书。卡尔在牛津的一间实验室里，研究大脑。

前　　言

　　2009 年，也就是雷·库兹韦尔的《奇点临近》出版 4 年后，我读了这本书。它是一场对于未来的乐观展望——一个依托于计算技术的未来，一个属于超级智能机器的未来，同时也是一个人类将会超越当下自身生理极限的未来。

　　我不得不将这本书读了两遍，一遍理解意义，一遍关注细节。

　　此后，出于自己的兴趣，我开始年复一年地追踪这个未来。这意味着每周通读一次《新科学家》和《连线》杂志，阅读《纽约时报》和《大西洋月刊》上出色的科技文章，也包括通过《经济学人》和《金融时报》了解金钱的流向。我会捧起每一本新出版的科技类图书，但这对我来说还不够。我觉得我没有关注到更广阔的图景。

　　我们是如何抵达当下的？

　　未来将去往何处？

　　我以讲故事为业，我知道我们所做的一切，在成为事实之前都是想象和虚构：飞翔的梦想，时间旅行的梦想，和某个人跨越时空即时对话的梦想，长生不老的梦想——或是起死回生的梦想。创造一种并非人类，却与人类共存的生命的梦想。还有一些梦想是关于其他的疆域，其他的世界。

早在接触雷·库兹韦尔的著作之前，我就读了哈罗德·布鲁姆的作品，那个孜孜不倦追求卓越的美国犹太裔文学评论家。在布鲁姆较为私人化的一部作品（在这类作品中，他只为自己而非他人阐明事物）《J之书》（1990年）中，他审视了《圣经》的源头，研究了那些后来被编写和润色为《希伯来圣经》的早期文本。相传《摩西五经》，即《希伯来圣经》最初的5部经典，写于耶稣降生的10个世纪之前，距离今天的我们大概有3000年的时间。

布鲁姆认为这些早期经典出自一个女人之手，而他本人绝非女权主义者。布鲁姆的论断很具说服力，它让我欣喜地发现，西方文学中最著名的虚构人物——上帝，世间万物的创造者，是由一个女人创造出来的。

在探究这背后的故事时，布鲁姆对《圣经》中的一处祝福提供了自己的解读。那是耶和华对以色列人的祝福，但事实上，也是我们所有人都想要获得的祝福。它并不是"要生养众多"——那是命令，不是祝福；而是让更多的生命进入一个没有边界的时代。

这不正是计算技术将会带给我们的东西吗？

布鲁姆指出，大多数人都在一门心思地追求没有边界的空间。想想看吧：圈占土地、殖民、城市扩张，动植物栖息地，以及如今兴建"海上家园"（可以自由取用浩瀚的海洋资源的海上城市）的热潮。

还有太空，这是有钱人最大的兴趣所在，比如：理查德·布兰森、埃隆·马斯克、杰夫·贝索斯。

然而，念及人工智能，以及必将紧随它而来的事物（通用人工智能，或者超级智能），我觉得无论是现在还是将来，受其影响最大的并不是空间，而是时间。

大脑通过化学介质传递信息，信号在神经系统中飞速传播（神经元每秒放电 200 次，也就是放电频率 200 赫兹），但计算机处理器的速度是以千兆赫来计算的——每秒完成十亿次放电。

我们知道电脑的计算速度有多快——一切就是这么开始的，在"第二次世界大战"期间，英国布莱切利园的密码解译团队就是因为算得不够快，所以怎么都无法破译德军的恩尼格码密码机。计算机可以暴力处理数字和数据资料。从速度的角度看，它每秒可以处理的数据更多。

工业革命之后，"加速"就成了我们文明的关键词。机器使用时间的方式和人类不同，计算机并没有时限性，但作为生物，人从属于时间，而且首先从属于自然寿命的限制：我们会死亡。

我们痛恨这一点。

在不远的将来，我们可以期待实现的一项重大突破，是获得长久、健康的生命，或许比想象的更久，比如可以活到 1000 岁——如果 AI 生物学家奥布里·德·格雷的预测是对的。未来的复原生物技术旨在减缓衰老不断给人体器官组织带来的损伤，同时修复或替换那些不再发挥效能的部分。

让更多的生命进入一个没有边界的时代。

即使这种技术无法实现，但永远存在着"上传大脑"的可能性，将大脑里的信息迁移到另一个平台——一个一开始并没有生命力的平台。

你会选择这样做吗？

如果死亡是一种选择呢？

长寿，甚至长生不老，势必会影响我们的时间观，但是别忘了，时钟其实也只是机械时代的发明。动物不依靠时钟上的时间生活，而是依循季节而活。人类会找到度量时间的新方式。

我想要思考机械时代的开端——工业革命，以及它对人类的影响。我来自兰开夏郡，最先在那里出现的一批大型棉花加工厂，改变了地球上每个人的生活。这一切距离今天是那么近，仅仅过去了 250 多年——我们是如何抵达当下的？

我想知道为什么似乎只有寥寥几个女人对计算机科学感兴趣，情况总是如此吗？

我还想对 AI 有更全面、更宏观的了解——通过思考宗教、哲学、文学、神话、艺术，我们创作的关于人类生命的故事、科幻小说、电影，我们关于"可能存在其他生命"的直觉，以及对这个念头持久的迷恋，无论那"其他生命"是外星人还是天使。

"人工智能"这一概念由约翰·麦卡锡在 20 世纪 50 年代中期提出。他是美国的一位计算机技术专家，像马文·明斯基一样，相信计算机将在 20 世纪 70 年代拥有人类的智力水平，而阿兰·图灵则认为这会在公元 2000 年实现。

然而，"人工智能"的概念诞生 40 余年后，IBM 研发的电脑"深蓝"才在 1997 年击败了象棋冠军卡斯帕罗夫。这是因为计算能力是计算机的存储量和运行速度的结合。简单来说，计算机没有足够的能力去实现麦卡锡、明斯基和图灵认为它未来可能做成的事情。而在这几位男性出现之前，是阿达·洛芙莱斯，这位 19 世纪初的天才启发阿兰·图灵发明了"图灵测试"，如果未来我们无法分辨 AI 和人类，图灵测试可以为我们做出区分。

我们还没有发展到这一步。

时间很难估量。

本书不是一部 AI 的发展史，它讲的不是大型科技企业或大数据，尽管我们常常身处这些领域之中。

比特是一台计算机中最小的数据单位，它是二进制数位，状态是 0 或 1，一字节由 8 个比特组成。

我的初衷很质朴，我希望那些自认为对人工智能、生物科技、大型科技企业或数据技术兴趣寥寥的读者，会觉得这些故事好玩有趣。这些故事虽然有时骇人听闻，但总是紧密相连。随着人类不断前进，或许正朝着一个"超人类"甚至"后人类"的未来发展，我们有必要知道发生了什么。

这些文章中有些不断重复的主题，它们是组成拼图的碎片，却也独立存在。

当然，如果我们与时间的关系改变了，那么我们与空间的关系也会改变——爱因斯坦指出，时间与空间不是相互分离，而是交织缠绕在一起的。

人类喜欢"分离"——我们喜欢把自己从人群中分离出来，通常是在等级和阶层方面；我们深信人类具备优越性，以此将自己从自然中分离出来。分离的结局就是地球深陷险境，人类为抢夺每一份资源而大打出手。

而计算机革命带给我们的就是"联结"。如果我们正确行事，就可以终结"存在"与"价值"相互分离的错觉。我们或许能够终结有关智慧的焦虑。无论是人类还是机器，我们都需要所能得到的一切智慧，努力解除与死亡订下的契约——无论是战争、气候危机，还是两者兼有。

让我们不要再用 AI 来指代"人工智能"（artificial intelligence）了，也许用它指代"另类智能"（alternative intelligence）更合适。而我们需要另外的选择 ❶。

---

❶ 依据作者原意，译文对于原书中的"AI"一词不做翻译，"artificial intellengence"一般翻译为"人工智能"。——译者注

目　录

过 去

我们是如何抵达此刻的?

一些来自历史的教训

1. 洛芙莱斯至上 ❶

在未来开启的地方，站着两个女人：玛丽·雪莱和阿达·洛芙莱斯。

玛丽生于 1797 年。阿达生于 1815 年。

这两个年轻的女人都在工业革命之初闯入了历史，那是机械时代的开端。

她们都属于自己的时代——就像我们所有人一样，但她们也是两簇冲破了时代界限的耀眼火花，照亮了未来的世界——即我们现在的世界。一个必然会改变智人的天性、角色，或许还有优势地位的世界。尽管历史在不断重复（相同的斗争总是披着不同的外衣），但 AI 的确是人类历史上前所未有的事物。这两个年轻的女人各自以不同的方式预见了它。

玛丽·雪莱在 18 岁时写下了小说《弗兰肯斯坦》。在这个故事中，医生、科学家维克多·弗兰肯斯坦用不同的尸体部位和电力，造出了一个高大、人形的生物。

电，是一种可以为我们所用的力量，但那时人们对它的了解少得可怜，也从没有实际使用过它。

---

❶ 标题原文为 Love(Lace) Actually。这里作者玩了一个文字游戏，"洛芙莱斯"（Lovelace）一词里包含了"love"（爱）这个词，因此这里借用了电影《真爱至上》（Love Actually）的名字。——译者注

现在请读一读《弗兰肯斯坦》吧，它不仅开创了女性写作科幻小说的先河，不仅是一本哥特小说，或是一个关于孤儿、关于普及教育重要性的故事。它不仅是一本科幻小说，不仅创造了世界上最著名的怪物。它是一封记载着未知目的地的瓶中信。

请打开它。

我们是在这本书出版200多年后，像主人公一样，开始创造新生命形式的第一代人。就像维克多·弗兰肯斯坦的造物，我们的数码造物也依托电力——却并不依赖墓地里的无名腐尸。我们的新型智能——无论有没有实体——是由许多个0和1组成的代码建造出来的。

这就是阿达登场的时刻，她是世界上第一位计算机程序员——而计算机当时还没有被制造出来。

玛丽和阿达都凭直觉感知到，工业革命带来的巨变引发的影响远不止于机械技术的发展和应用。她们发现，定义"何为人类"的基础框架发生了关键性的转变。

维克多·弗兰肯斯坦："如果我能把生机赋予无生命的东西……"

阿达："分析机……可以直接计算显函数……而无须事先通过人工计算。"

玛丽和阿达从未见过面，却由一个至关重要的人物联系在了一起。

拜伦勋爵是当时在世的英国诗人中最有名的一位。他风度翩翩、富有、年轻。1816年，在英国被丑闻和离婚纠纷缠身的他，计划去日内瓦湖度假。同行者有他的至交好友、诗人珀西·比希·雪莱，雪莱的妻子玛丽，还有玛丽的继妹克莱尔·克莱蒙——那时已是拜伦的情妇。

这次度假很棒，直到暴雨来袭，几个年轻人出不了门。拜伦建议他们每人写一个神怪灵异故事，调节一下这段单调乏味的室内时光。玛丽·雪莱开始创作那个浸透了雨水的黑暗预言，也就是后来的《弗兰肯斯坦》。

拜伦自己想不出故事。他暴躁不堪、心烦意乱，部分原因是离婚官司，以及新生儿抚养权的问题。

拜伦写了一系列有关女儿抚养事宜的信件，但此次离开英国后，他再没有回到故土，也再没有见过女儿。

他的女儿的名字是阿达。

阿达的母亲安娜贝拉·温特沃斯，是一个虔诚的基督教徒——这是她与双性恋者拜伦的婚姻终于走向破裂的众多原因之一。

安娜贝拉有钱、有地位，但当时的妇女和儿童，只是与他们血缘最近的男性亲属的合法所有物，因此尽管两人已经签署了一纸分居协议，但拜伦对孩子的种种期望仍然具有法律效力。关于女儿的教育事宜，他写下了长长的指示，其中最重要的一条，是不许她被诗歌引入歧途。

这正合阿达母亲的心意。她一生中最不想看到的，就是又一副拜伦式喜怒无常的脾气了。身为一位天赋异禀的数学爱好者，她为小阿达聘请了数学家教，以纠正女儿骨子里继承下来的任何一丝诗人倾向，冲淡拜伦家族血脉带来的影响。拜伦说她"疯狂，恶劣，危险"不是空穴来风。

巧的是，小阿达喜欢数字。然而在那个时代，即便是最富有的女性都不会学习阅读、写作、绘画、钢琴之外的知识——至多加上法语或德语。女性不去学校。

玛丽·雪莱的母亲——玛丽·沃斯通克拉夫特在激进的《女权辩护》（1792 年）一书中，慷慨激昂地论述了妇女接受教育的重要性，而维克多·弗兰肯斯坦没能教化他创造出来的怪物，让后者只得自学知识。那个时代的女性不得不自学拉丁文、希腊文、数学、自然科学——以及所有她们的兄弟们会在学校学到的"男性学科"。原因基于一个假设：女性没有认真学习的头脑，而即便她们有头脑，过分集中注意力也会导致她们发疯、生病。

在日内瓦湖度假期间，玛丽·雪莱就性别问题和拜伦争辩了许久。拜伦当时很失望，自己期盼已久的"好儿子"变成了好女儿。但他活得太短，没能看到女儿展露数学天赋。

阿达的一位数学家教奥古斯都·德·摩根，担心过度沉浸于数学会损害她脆弱的体格。但与此同时，他坚信阿达比自己教过的任何学生（大部分是男生）都更具天赋和能力，在写给阿达母亲的一封信中，他称她可以成为"一位极具独创精神的数学研究者，或许还会跻身最杰出者之列"。

可怜的阿达。她被要求学习数学，以避免成为疯疯癫癫的诗人，接着别人又说她有被数学弄疯的危险。

这些担忧对阿达来说无关紧要，她似乎从童年时代起就很了解自己的头脑了。

17岁时，她受邀参加了在伦敦多塞街1号、查尔斯·巴贝奇的家中举办的一场舞会。

巴贝奇财富自由、聪明、古怪，他说服英国政府给予自己1.7万英镑（约合今天的170万英镑）的资助，以制造他口中的"差分机"——一台旨在核算并印刷对数表的曲柄计算机，可供工程师、海员、会计师、机器制造商，或任何想要通过预印对数表快速完成核算的人使用。

就像工业革命时期的许多发明创造一样，巴贝奇的创意旨在将重复性的工作机械化。在那时，"computer"一词是用来指代那些从事乏味的算术制表工作的人类操作员的❶——巴贝奇正确地预测了这类工作可以由差分机完成。

巴贝奇是剑桥大学的卢卡斯数学教授，在他之前担任这一教职的有艾萨克·牛顿，在他之后则有斯蒂芬·霍金（顺便提一句，此职位迄今为止从未由女性担任）。巴贝奇对机械化自动操作装置很着迷，也同样迷恋数字，是制造由齿轮带动的计算机器的合适人选。

而事实证明，阿达也是制造这种机器的合适人选。

只有漂亮、聪明，或出身贵族的人才有资格受邀参加巴贝奇家的舞会，单靠大把的钞票可搞不定。阿达并不是美丽动人的社交名媛（谢天谢地），但她头脑过人，还是拜伦勋爵的女儿（无

---

❶ "Computer"一词今通常译为"电脑""计算机"，但也指"计算的人"。——译者注

论他是否满意于这个事实）。

17 岁的阿达走进了这个领域。

差分机的演示模型（图 1-1）设在巴贝奇家的客厅里，阿达被这台机器迷住了，在舞会的喧闹声中，她和巴贝奇一起摆弄着它。巴贝奇非常兴奋，以至于将计划和盘托出。

图 1-1　巴贝奇 1 号差分机，1824—1832

突然之间，这个 40 多岁、奸诈狡猾、难以取悦、不爱交际、痛恨手摇风琴噪声的天才，找到了一个从理论和实践上都深深理解他的工作的朋友。

他们开始往来通信，同时阿达继续着她的数学研究。无论和阿达的这次会面有没有启发巴贝奇推进事业，总之他从那一年开始发明一种被他称为"分析机"的新计算装置，这就是世界上首台非人类操作的"computer"。

尽管它从未被真正创造出来。

巴贝奇发现，雅卡尔提花机使用打孔卡片来操控编织的图案（图 1-2），这种工作原理可以被借用过来，使计算机自动运行，无须人类摇动曲柄了。而计算机还可以使用打孔卡来储存信息。这是非凡的洞见。

图 1-2　雅卡尔提花机

打孔卡是一种带孔的硬卡。1804 年，法国人约瑟夫·玛丽·雅卡尔为一台机械装置申请了专利，它可以通过硬卡上孔的排列方式来表示织物的图案。这是抽象直觉的天才结晶——更贴近量子力学模式，而非工业革命的现实主义。巴贝奇领会了这一发明会对计算机技术造成的影响。事实上，这个发明的出现毫无道理，对于雅卡尔和巴贝奇来说，这都是一次精神上的跃迁❶。

在雅卡尔提花机上，打孔的分布决定了织物的式样。不再需要一位织布高手辛苦费力地将纬线穿到经线之下，来编织布料和图案了。织物的图案是由经线和纬线的次序决定的，因此编织图案是一种需要娴熟技艺但重复性很强的工作。就像工业革命时期众多的发明创造一样，雅卡尔提花机将重复性工作机械化，使其不再需要如此之多的人工投入。将重复性工作机械化是一项工程上的重大挑战，但雅卡尔提花机最突出的进步却不是在工程方面，而是将排列成特定样式的孔（其实就是空白位）看作实实在在的存在。

打孔卡技术最早被应用在商务制表机中，后来又被用在早期的计算机中。直到 20 世纪 80 年代中期，打孔纸带都被用作嵌入式计算机的程序。巴贝奇没有为这一创意申请专利——他是糟糕的商人。1894 年，美国企业家赫尔曼·何乐礼获得了打孔卡系统的专利权。何乐礼是德国移民的后裔，他创立的制表机器公司在 1924 年改名为 IBM，全称"国际商业机器公司"。

（你现在应该明白了，为什么"差分机""分析机"这样的名

---

❶ 跃迁是量子力学中从一个量子状态到另一个量子状态的变化过程。——编者注

字永远不可能在市场上叫响。)

*

阿达为打孔卡的创意激动不已。她写道:"雅卡尔提花机编织着红花和绿叶,而分析机则编织着代数图案。"

只可惜事实并非如此,巴贝奇从未造成这台机器,甚至连"基本完工"都算不上。它的齿轮、杠杆、活塞、手柄、螺钉、机轮、齿条和锥齿轮、伞齿轮、嵌钉、弹簧,以及打孔卡全都是维多利亚时代的蒸汽朋克风格(想想铁路、铁甲舰、工厂、管道、轨道、气缸、锅炉、金属、煤)——巨大、结实、立体,同时却又只是一种天马行空的思维实验。对巴贝奇和阿达而言,想象可能会发生的事情就意味着它已经发生了,而从最重要的层面来说,他们是对的。未来已经被想象出来,只是现实对它而言太过沉重了。用大量金属建造一台烧煤、使用蒸汽动力和打孔卡的计算机——尽管随便想想这个念头很有趣,但它并不能满足阿达和巴贝奇所想的那个瞬息万变而优雅的数字世界。

而距离优雅还有很长的路要走。

1944 年(而非 1844 年),世界上第一台电子数字计算机"巨人"诞生于"二战"时期的英国。它坐落在布莱切利公园,有 7 英尺 ❶ 高、17 英尺宽、11 英尺长,重达 5 吨,7000 米的线路连

---

❶ 1 英尺约等于 30.48 厘米。——编者注

接了 2500 个阀门、100 个逻辑门和 10000 个电阻。事实上，直到 20 世纪 70 年代，外界都不知道这台计算机的存在，因此"世界上第一台电子数字计算机"的美誉常常会落在美国人 1946 年研制的"埃尼阿克"（ENIAC，电子数字积分计算机）头上。

巴贝奇一定会喜欢"巨人"计算机，以及打孔纸带。其实，如果巴贝奇和阿达跳入时光机，穿越到 1944 年，那么他们一定会为机动车、橡胶靴、收音机、电话、飞机甚至拉链感到震惊，但是只需瞥上一眼"巨人"计算机，他们就会知道它是什么。

如今谈到阿达，依然存在着一些居高临下的"男性凝视"，评价她只是个跟在天才身后的马屁精；说她只是对数学一知半解，没有真的写下那些解释分析机工作原理的注释；评价她太高看自己了，自视过高，而巴贝奇一直在包容迁就她。

类似的质疑也曾出现在勃朗特姐妹身上，还记不记得有种理论称所有的杰作，或者至少是《呼啸山庄》，其实出自她们的兄弟勃兰威尔——那个醉醺醺的小矬子之手？斯黛拉·吉本思在小说《令人难以宽慰的农庄》中，通过麦八阁❶先生这一人物，狠狠地讽刺了这种说法，玩得不亦乐乎。

说来奇怪（也并不奇怪？），这些有关勃朗特姐妹和阿达的"男性凝视"，如今依然活跃在互联网上。

但更符合实情、更重要的是，如今每年 10 月的第 2 个星期

---

❶ 麦八阁英文为 Mybug，字面意思为"我的错误"。——编者注

二是"阿达·洛芙莱斯日"。英国有阿达·洛芙莱斯研究所(成立于 2018 年),一家致力于确保数据使用和人工智能技术工作符合社会的整体利益,而不是只为少数自命不凡者服务的独立机构。

作为一位女性数学家,阿达是数学与计算机技术领域的妇女的指路明灯。女性需要一盏指路明灯,因为里里外外的各种偏见仍然甚嚣尘上。在今天,21 世纪已经快过完四分之一,在电机工程、电脑编程、机器学习领域,女性从业者的占比仍然仅为 20% 左右。

女性很少从事搭建平台、编写程序的工作,而新兴科技企业中的女性更是少之又少。为什么至关重要、面向未来的科技全都是由男性主导的?

嗯,你可以选择你喜欢的解释。

比如"男人来自火星,女人来自金星"的解释——认为这纯粹是性别原因:女人不是很懂计算机科学。(不同的大脑构造或是激素水平问题?)

比如比较"性别平等"的解释:女性不想做这类工作。没有什么妨碍女性的绊脚石,当然了,现在可没有这种东西了。女性可受欢迎了。这都是自由选择的,姑娘们!

还有鼓吹"一切都要慢慢来"的解释:除非学校鼓励女生更认真地对待数学、计算机科学、工程学等科目(而不是任由她们被社交媒体上蛊惑人心的视频包围,比如《如何化出金·卡戴珊同款美妆》),否则我们不可能只是为了彰显"性别平等", 就让女性空降到极具挑战性的科技岗位上。

所有这些解释都忽略了一个事实(事实!), 即从"二战"时代起, 就有数以千计的女性从事技术含量堪比计算机科技的工作(比如手算数据), 或者担任电脑程序员。凯瑟琳·约翰逊和她的非裔女同事们在美国太空总署的传奇工作经历, 曾在2016年被改编为电影《隐藏人物》。

1946年, 世界上最早可编写程序的计算机之一"埃尼阿克"在宾夕法尼亚大学亮相时, 为它编程的6位女性并没有出席发布仪式, 庆功宴上也没有提及她们的名字。在下面这张照片中, 琼·詹宁斯和弗朗西斯·比拉斯正在操控"埃尼阿克"(图1-3)。

图1-3　琼·詹宁斯和弗朗西斯·比拉斯正在操控"埃尼阿克"

*

这 6 位程序员是从 200 位女性中选出来的，她们都是靠双手和大脑做着计算机该干的活儿。她们的工作被划入"办公室文书"一类，但事实并非如此，这只是一种将女性固定在（低薪）职位上的策略。

女性和男性一样聪明。我在此提出这个不言自明的观点，因为世界从不把这当作一件不言自明的事情。

许多女性学起数学来很轻松，或者至少能学懂，但一位我认识的教授（他在曼彻斯特大学教授工程学）告诉我，在英国高中结业考试中，数学拿到 B 的男生通常会在大学学习工程学，而数学拿到 A 的女生却很可能不会。

这究竟是怎么回事？

为什么没有更多女性投身计算机科学领域？我不认为这个问题的答案和女性的大脑或激素水平有人大关系，甚至与"自由选择权"不甚相干。

性别仍然是拦路虎。

我们是如何在工作场所处理性别问题的？女员工愿意进入一个全是男人的技术研发室吗？她们经常看到其他女性从事科技工作吗？我们会效仿所见的事实，而一个真正性别多元的工作场所会给予女性更多的动力甚至提升她们的能力，这不值得任何人大惊小怪。

性别差异当然存在，但它是生理上的，不会影响智力和资质。性别差异是一种社会建构，因此在不同的历史时期，它的表现形式也不同。现在没有人会像维多利亚时代的医生那样（他们依循的当然也是科学），宣称研究数学的女性会患"学者厌食症"，但这种病不会感染男性。

阿达是一盏指路明灯，也是一座灯塔，警告我们注意前方的礁石。对于选择投身科学、技术、工程和数学领域的女性来说，前路障碍重重（更别提她们可能根本就走不到那么远），如果她们是其中的佼佼者，就必须不停地证明自己的能力。

哪怕是在过世之后。

*

尽管才能过人，巴贝奇的成功却并不出人意料。他富有，受过教育，有地位和男性话语权。他念书的时候，父母可没有收到过校方的来信，声称过度学习可能会让他发疯，或者损害他的五脏六腑。

巴贝奇在这个世界上如鱼得水。他与他人在所有竞争方面都是势均力敌的。男性之间可以发生激烈的争吵辩论，同时又彼此尊重。有关巴贝奇的著述，无论写作者是否认同他，笔调总是充满敬意的。但阿达的反对者们描写她时，千篇一律的主旋律是缺乏尊重，而且甚至是充满轻蔑的。

阿达的成功是出人意料的。诚然，她有钱，钱也帮了她许多，但她是一个身处男性世界中的女人。

法律禁止她上大学、拿到学位，更别提获得"剑桥大学教授"这样有声望的职位了。她无法从事工程学领域的工作，或者和伊桑巴德·金德姆·布鲁内尔一起工作。他是巴贝奇的至交好友，据我们所知，他常常与巴贝奇一起埋首于修建铁路和建造蒸汽轮船的算纸之中。

阿达不能自由地走出家门，去修建一个新的世界。她是父亲的合法财产，后来又成了丈夫的所有物。她19岁结婚，接下来的三年中生了三个孩子。而巴贝奇有妻子替他做这些生儿育女的苦活。

阿达身处的社会结构没有给她只做阿达的条件。出于某些原因，也许是因为体内奔腾着拜伦家族的血液，她对此并不在意。她很幸运，有个迁就她的丈夫，任她为所欲为——或者说大多数时候他都注意不到她在搞什么，包括她的许多风流韵事，以及在赛马上挥霍的大量金钱。

她幸运得不像话：母亲为她聘请了一位数学家教，她发现自己对数字有着敏锐直观的意识，她长时间独自研究的需求也得到了满足——而在那个时代，对于那个阶级或者那一类的女性来说，理想的社会形象是轻佻肤浅的解语花，擅长向男人献殷勤。至少青春消逝之前她们都得围着男人转，而等到容颜老去后，她们则可以投身慈善事业。

阿达·拜伦，后来的洛芙莱斯伯爵夫人——当时出现这样一个人的可能性微乎其微。然而她恰好在正确的时间出现在历史长河中，遇到了查尔斯·巴贝奇，为第一台（从未造出的）计算机设计了第一个软件程序。

一切都开始于阿达的一篇史无前例的论文——她对此并不自知，因为那个时代没有女性写科学论文。

事情是这样的……

1840 年，巴贝奇前往意大利都灵做演讲，介绍了他的分析机。当时只有一位名叫路易吉·梅纳布雷亚的意大利工程师做了笔记，并在几年后将其以法语发表，刊登在一本法国刊物上。和现在一样，当时欧洲大陆的人很可能会说好几种语言，而英国人则不会费心去学外语。阳光普照的英格兰，脱欧后注定无法再吃帝国时代的老本儿了。

不过阿达是个女人，上流社会的女人必须取悦晚宴上的重要男宾，而她也深谙此道。阿达会说一口流利的法语，她决定将梅纳布雷亚的文章翻译成英文。

梅纳布雷亚的文章简单直白地介绍了分析机的工作原理，翻译这篇文章时，阿达自己增加了很多注解，篇幅几乎是原文的三倍。在注解中，她详细地为分析机设计了一个完整的"程序"，并区分了我们今天说的"硬件"和"软件"的功能。

阿达没有停留于此，她明白如果分析机可以被编程计算某些数据，那么它就可以被编程计算一切：

> 在决定将打孔卡应用到机器中的那一刻，算术的界限就被打破了，分析机与单纯的计算机器已不再处于一个领域，它有只属于自己的独特地位；而它所带来的思考从本质上说

是最有趣的。通过将一连串具有无限多样性和广度的通用符号用机械装置结合起来，实物的运作和数理科学最抽象分支中最抽象的思维过程被结合在了一起。

换句话说，如果机器可以操控数字（算术），那么它也可以操控符号（代数）。

计算机使用符号逻辑——这是基础代数的新发展，是阿达那个时代的新发现。阿达的数学老师奥古斯都·德·摩根是这一领域的先驱，与自学成才的数学家乔治·布尔（1815—1864）并驾齐驱。可以说，此刻世界上正在运作的每一项技术都使用了布尔逻辑。它是计算机科学的基础，其核心是"真"和"假"两个值。

布尔设计了三个逻辑操作符："与""或""非"。他指出所有的逻辑关系（至少是代数逻辑关系，至多则可能包括你的人生规划逻辑）都可以用这套法则或定律表示出来。布尔相信人类的思想可以被简化成一系列数学法则，而这种简化不是消极的还原法：布尔在寻找真正的简化和清晰化。为了达到这个目的，他使用了二进制数——0和1，0代表"假"，1代表"真"，同时还提出了"真值表"这个绝妙的概念。没错，任何一个表述有多大可能为真（或假），都可以通过真值表来确定。这对思虑过多的人文学科来说是个喜讯。

它是如何运作的？

嗯，我们做算术时面对的是具体的数字，即固定值，比如 2 + 2

=4。但在基础代数领域，我们面对的是没有固定值的量，即变量。X 和 Y 不一定等于 2 和 4，它们的值会变化——它们是变量。但无论是算术还是基础代数，我们的操作过程都是加、减、乘。在布尔代数中，我们做的不是加、减、乘，而是"与""或""非"，因为变量不是数字，而是真值——以"真"或"假"（1 或 0）的形式表示。

举个简单的例子：

假设我的花园 X 是由土地 Y 和植物 Z 构成的，如果用基础代数表示的话，就是：Y（土地面积）+Z（植物数量）=X（花园）。

基础代数会给花园设定一个数值，比如有多少棵植物、土地的面积是多少？

布尔代数则会得出一个"真值"，比如这究竟是不是一个花园（是否符合我对花园的定义）？如果土地为"非"，植物为"非"，这不是一个花园；如果土地为"非"，植物为"是"，这不是一个花园；如果土地为"是"，植物为"非"，这不是一个花园；但如果同时有土地"与"植物，这就是一个花园。（如果 Z"与"Y 为"真"，则 X 为"真"。）

接着我们会乐此不疲地再为定义添上 W（野草）和 C（水泥），以确定什么是"花园"。

再为不懂园艺的人举个更日常的例子：当我在网上搜索歌手凯斯·厄本的名字时，搜索引擎会使用布尔逻辑，将凯斯"与"厄本定义为"真"；"凯斯·理查兹"和"逃离城市❶"则都会被定

---

❶ 厄本（Urban）一名有城市的意思。——译者注

义为"假"，被搜索引擎排除。

用不着事先将"凯斯"和"厄本"的各种可能性人工编程，布尔逻辑可以让计算机处理所有变量（可能性），从而自动得出答案。

阿达写道：

> 我想在注释中举一个例子，说明分析机可以直接计算显函数，而无须事先通过人工计算。

*

对数表的时代已经被远远地抛在了身后，阿达在朝着星空前进。

19 世纪 40 年代，计算机术语还没有被普通人广泛使用，因此阿达解释了"运算"意味着什么："两件或多件事情之间关系的改变，任何类似这样的过程都可以被称为运算。这是一个最宽泛的定义，适用于宇宙中所有的问题。"

宇宙中所有的问题。这相当超前了。

阿达兴趣盎然地预测，分析机很有可能被编程以创作音乐。（巴贝奇曾经孤军奋战，对他家门外的街头音乐家表示抗议，特别是手摇风琴演奏者。）为了使巴贝奇振作起来，或者是为了逼疯他（谁知道呢），阿达写道："分析机可以创作出任何复杂程度或长度的乐曲，既精妙又符合乐理。"

无论有趣与否，为了了解阿达的思想有多么超前于她所处的时代，我们需要穿越40年，来到20世纪80年代。美国古典音乐作曲家大卫·考普成就非凡：卡内基音乐厅曾经演奏过他的作品，他能够靠作曲谋生，过上极其成功的人生。

20世纪70年代中期，不期而至的创作瓶颈期驱使他将自己的智慧与另一种智慧结合起来。如果这是一次人与人之间的合作，就不会有人提出异议，然而他的合作者是AI。

考普开始发明并编写自己的作曲程序。这些程序会摘出莫扎特、维瓦尔第、巴赫作品的结构，将这些已有的部分重新组合成新作品。到了20世纪80年代，考普出门买个三明治的工夫，家里就会有5000首"新写出来"的巴赫众赞歌等着他。

考普对他的新发现很兴奋，但乐评家们不以为然——"没有灵魂""僵硬死板""俗套"是常见的评语。不过在猜测听到的音乐是不是"真的"（即出自人手）时，听众们往往会将计算机乐曲标记为真——认为那是巴赫、维瓦尔第真正的作品。

考普是个善于思考的人，编写作曲程序和研究这些程序促使"真实"人类听众思考的问题，对他来说同样有趣。第一个大问题是：什么是"真实"？第二个重要的问题是：什么是"创造力"？

距离考普第一个实验作品的诞生，已有40余年。在这段时间内，AI取得了很大的进步，现代音乐的创作充分利用了人工智能程序。比如IBM公司的节拍大师（Watson Beat）、索尼的节奏机（Flow Machines）、Spotify 的"创造者技术"❶ 以及用户友好型音乐公司 Amper 提供的"接受过音乐大师级培训的创意 AI"。

训练 AI 的过程就和阿达在将近 200 年前预想的一样。（干得漂亮，姑娘！）人类程序员会录入尽可能多的已有音乐素材，从而使程序自行分解出不同的模式——拍子、节奏、和弦、人声、长度、变奏，接着人类作曲者会设定参数，比如情绪激昂的颂歌、感伤的情歌以让程序编曲，然后在程序编曲的基础上发挥创意。

Amper 是这样介绍公司的编曲平台的：

> Amper Score 可供企业团队在几秒钟之内创作定制音乐，节省在曲库中搜索的时间。不管你是为视频、播客还是为其他项目寻找背景音乐，平台的创意 AI 都会快速找到风格、长度、结构都完全满足你的需求的音乐。

让我们再来迅速回顾一下阿达在 1840 年所说的话：

> 分析机可以创作出任何复杂程度或长度的乐曲，既精妙又符合乐理。

---

❶ 以上是这几家公司推出的 AI 音乐制作服务，它们使用 AI 协助使用者编曲、创作音乐。——译者注

*

阿达不相信程序编写的音乐能够或者将会拥有"独创性"，但这不等于说它们不会令人愉快或满足。阿达坚信计算机可以分析数据，但它永远也不可能独立思考：

> 分析机没有资格创造任何东西，它只会执行指令。

阿达对那种被程序写出来的音乐的看法，很像今天我们对于 AI 的看法。

如果你需要背景音乐，比如在酒店大堂里播放的音乐，或者那种要用在广告或宣传片里的吵闹明快的或含情脉脉的音乐，AI 就可以帮你生成，而无须太多或者压根就不需要人为修改——另外，就像 Amper 指出的那样，你也不需要支付任何专利费！这是商品化的音乐。

与 AI 一起编写"原创"音乐的行为仍然饱受争议。在很多音乐家看来，只有那些不想费力去学习乐谱、乐器，或者希望逃避辛苦走捷径的懒人才会这样创作音乐。

布莱恩·伊诺认为，这件事令人兴奋的地方恰恰在于合作——一位技艺娴熟的音乐家与 AI 的合作。伊诺的第 26 张专辑《沉思》（2017 年）同时以 CD 和线上应用的形式发行。应用程序会在每天的不同时段，将原有的歌曲重新组合和改编。伊诺称："我的初衷是创造无限的音乐……就像坐在一条河流旁边：它永远是那条河，但又永远在发生着改变。"

不过，合作的成果并不总是人类一方的实验作品。

初音未来是使用以语音合成程序为基础开发的音源库的虚拟偶像。2007 年，日本克里普敦未来媒体公司推出了这款 AI 偶像。初音未来永远 16 岁，身高 158 厘米，体重是轻得有点病态的 42 千克。青绿色是她的代表色。她唱歌、出现在电子游戏中，也以全息影像的形式进行巡回演出。她在日本的超高人气一部分得益于神道教——相信无生命的物体也有灵魂。从粉丝评论来看，初音未来是个切实可信的人物。她并不是完全没有生命，但她也不是人类。她带来了这样一个问题：为什么她的出现那么重要？

如果是风吹过铃铛和笛子奏出了音乐，某个软件编写了音乐，巴赫或者是你创作了乐曲，这件事还会有如此重大的意义吗？

我想说的不是这些音乐是否具有相同的质量——那是另一个话题——但只关注它们是出自人类还是非人类之手，是不是会让人误入歧途？

与之对立的观点是，世界上最大的几支巡演乐队仍然由老派（年纪也越来越老）的音乐人组成，他们自己写歌，演奏乐器。然而这个时代也许就要落幕了。

就像大卫·考普所说："问题的关键不是计算机是否拥有灵魂，而是我们是否拥有灵魂。"

阿兰·图灵，那位在布莱切利公园设计和制造了恩尼格码破译机的英国数学家，对计算机是否能够拥有灵魂，或者是否将会拥有灵魂不感兴趣，他感兴趣的是，计算机是否可以基于人工投入自主生产，自我创造并进行自主学习。

图灵在这个问题上和阿达·洛芙莱斯产生了分歧——尽管必须注意的是，他是在阿达宣称计算机没法"创造"任何东西的110年后对此提出了异议（阿达指的不是计算机能否依靠布尔逻辑自行得出正确答案，她考虑的是人类思维的"跳跃能力"，她相信计算机永远也不可能发展出这种能力）。图灵认为，阿达受限于她的时代。她的认识来自她手边的东西，而她手边什么也没有，因为巴贝奇没有把分析机制造出来。

然而，阿达很擅长研究和利用她没有的东西——她没有男性特权，她没有接受过正规教育，她没有计算机。但她是阿达。

图灵将阿达从被遗忘的历史长河中打捞出来，带回人们的视野。1950年，图灵仔细研读了她的作品后，对他所谓的"洛芙莱斯夫人异议"（即计算机不能"创造"，在这一点上它们和人类完全不同）做出了回应。

在这场跨越时空的对话中，他对阿达的回应，就是"图灵测试"。

1950年的图灵测试的目的，是测试一台机器是否在人类观察者眼中与人类相当，或者与人类真假难辨。

谷歌声称他们的语音技术助手 Duplex❶已经通过了图灵测试——至少在帮用户拨打预订电话这一点上，它具备通过测试

---

❶ Duplex 是谷歌推出的一款人工智能，可以替代用户进行各类线上电话呼出，而接听的人往往并不知道他们在与机器对话。——译者注

的能力。成功蒙混电话另一头的人类通话者就算通过测试，而 Duplex 通过改变声调、拉长音节、加入代表"思索"的停顿，使自己听上去像一个真人。但它做出的都是事先被设置好的回应，因此阿达仍然是对的。

图灵认为在 2000 年机器智能将通过测试，虽然这并没有发生，但我们已离它越来越近了——而在我们朝此方向努力的过程中，我们可能会认为，或者人工智能可能会认为，能否通过测试其实无关紧要。

玛丽·雪莱也许要比阿达·洛芙莱斯和阿兰·图灵都更接近我们将要抵达的未来。新的生命形式不一定要和人类有什么相似之处（可爱的服务型机器人和虚拟数码助手可能只是一条偏离主路的小径，一种过渡产物，纯粹智能则完全是另一回事），而这就是《弗兰肯斯坦》清楚讲出的令人痛苦心碎的道理。弗兰肯斯坦打算将怪物造得与人类"相似"，但怪物并不是人类，也不可能是人类。这是一封我们需要打开的来自未来的瓶中信吗？

*

尽管阿达兴致勃勃地设想过巴贝奇的分析机可以编写某一类音乐（惹恼巴贝奇的那一类），她却从来没有兴致勃勃地设想过分析机可以写作诗歌。

机器诗人在 17 世纪 40 年代尚未出现（提示：这是一种针对诗歌的图灵测试）。阿达是拜伦勋爵的女儿，因此对她来说，向诗人表达敬意很重要。对于我们英国人来说，身处莎士比亚的国度（"这一个镶嵌在银色海水之中的宝石"），诗歌是除数学外离上帝最近的东西，而大多数人并不懂数学，也肯定没法在重要场合吟诵数学方程式。

阿达将她的工作称为诗意的科学，也就是说它更具有创造性，同时不会被某个算法程序复制。

截至目前，计算机还没有那么精通于诗歌创作。我推测这是因为针对诗歌还不存在一个可以清晰分解的范式——我指的不是公式。我们可以去学习一首诗是怎么表达意义的（也应该去学习），这可以让我们从中获得更多的乐趣，但是诗唤起的情感冲击却没有规律可循，至少这个规律很难被抓住。

这种情感冲击就像"机器中的幽灵"❶：我们可以看到一首诗是如何被写出的，但是那如同小精灵一般难以捉摸的东西无法被捕获，被封存在瓶中。你和 AI 都可以学习如何写作十四行诗、维拉内拉诗、对句或无韵诗，但是要如何让诗歌的魔法发挥效用？诗歌最神秘的特质就像是一种"涌现性质"❷，诗由词语组成，

---

❶ "机器中的幽灵"（ghost in the machine）是英语中一个常见的形容，类似"钵中之脑"，源自 1949 年吉尔伯特·赖尔的著作《心的概念》以及 1967 年亚瑟·库斯勒的同名著作。意指人类的意识其实只是一个囚禁于机器（肉体）中的幽灵，但它才是定义每个人存在的关键。——译者注

❷ 涌现性质：指一些现象在叠加后发展出了叠加前所没有的性质。——译者注

却又不完全存在于词语及语序中——就像意识源于大脑／思维，但它又不是大脑／思维。可是诗歌之中除了语词还有什么呢？除了大脑／思维还有什么有意识？答案是：另外一些东西。这很奇怪，但确实如此。（参见《他不重，他是我的佛》）

*

但小说——好吧，小说是另外一回事。人人脑中都有一部尚未写出的小说，不是吗？

现在有很多写小说的线上应用，帮你架构故事，梳理精简情节，加入必要的起承转合，生成对话，扩充词汇量（如有必要），并对文本做简单的处理，比如校正语法。"小说编辑器"这类应用会读取你混乱不堪的文案，提供给你一个精华版本的"文案可能会发展出的故事"。

例如，如果我输入："一只猫跌下了矿井，发现了一个由精通计算机的巨鼠们统治的世界。"应用程序就会帮我做出角色列表（既然是老鼠世界，估计会有不少角色）和情节大纲——耶，我写了一部关于老鼠的小说。

而另一方面，如果我输入："伊丽莎白一世时期的一个年轻人早上在土耳其醒来时变成了女人。"我大概不会写出弗吉尼亚·伍尔夫的《奥兰多》。不过反正那部杰作也已经诞生了。

也许《天才与算法》（2019 年）的作者、数学家马库斯·杜·桑托伊说得没错，2050 年的诺贝尔文学奖会被授予亚马逊的 AI 助手 Alexa，也许这就是"理科生的复仇"。

自动生成小说不算新鲜事。早在 1844 年，幽默讽刺杂志《笨拙》就刊登了一封假托巴贝奇之名的可笑来信：

> 先生……我成功地发明了小说写作专利机——适用于所有风格，所有题材……
>
> 巴贝奇

接着是几封恶搞的感谢信：

> 在它的帮助下，我现在可以在短短 48 小时内写出一部三卷本的小说，要是搁在以前，我至少要劳心费力两个星期……

以及：

> 尊敬的机器先生会慷慨地免费送上几十篇当今最流行的作品，并在相当短的时间内生成一部崭新、独到的小说……

再没有哪位劳心劳力、孤军奋战的天才需要花费上万个小时埋头苦干了。这是诞生于安迪·沃霍尔之前的波普艺术。它不是大众的艺术，而是利用了许多大众作品的艺术，最后还会生成大量作品。

不少见，不奇怪，不特别，连绵不断，不停组合。这就是计算机的造物（想想那 5000 首在出门买三明治的工夫就被创作出来的巴赫众赞歌以及布莱恩·伊诺那可以无限组合出新曲目的线上应用）。

这对人类来说意味着什么？对创造力来说意味着什么？

或者我想问的是，什么是意义——对人类来说，对创造力来说？我们必须重新设想和定义这些词语：人类、创造力、意义。

"万维网之父"蒂姆·伯纳斯-李曾说：

> 最关键的是连接。字母不重要，重要的是它们如何串联在一起变成了单词；单词不重要，重要的是它们如何串联在一起变成了短语；短语不重要，重要的是它们如何串联在一起变成了文本……以一种极端的视角看，整个世界都是由连接构成的，再无其他。
>
> ——《编织万维网》，2000 年

或者就像 E.M. 福斯特 1910 年在小说《霍华德庄园》中所写的那样，"只有联结"。

又或者，就像阿达说的那样："实物的运作和数理科学最抽象分支中最抽象的思维过程就被结合在了一起……"

谷歌在 2021 年的目标是"环境计算"，这意味着全方位的连接——硬件、软件、用户体验、人机互动、物联网。从供猫出入的活板门，到咖啡机，一切都是一个整体。电子声控助手、3D

打印机、智能家居，各种设备协同工作、默默运行、永不停歇。不再需要点击鼠标，所想即所得。

宛若神灯。抽象的思维过程。实物的运作。

最终——阿达预测得没错——实物运作和抽象思维过程的结合，旨在重新定义我们口中的"真实"。这种重新被定义的"真实"，很快就会成为我们对世界的定义。

2. 看得见风景的纺织机 **❶**

> 大脑是一台被施了魔法的纺织机，成千上万只飞梭周而复始地编织着不断褪色的图案。
>
> ——查尔斯·斯科特·谢灵顿，
>
> 神经生理学家、诺贝尔奖得主，1940 年

为了理解随着 AI 的诞生和发展而出现在人类面前的新征程、新目标，我们需要思考自己是如何抵达这一刻的。人类世界决定性的巨变就始于工业化时代。

想一想，我们这颗星球有大约 45 亿年的历史，最古老的智人化石（2017 年于摩洛哥发现）有 30 万年的历史，那么，在与之相比如同白驹过隙的过去短短 250 年里，发生了什么呢？这不过是 所房了存在的时间——我在伦敦的住所就修建于 16 世纪 80 年代。

用不着 250 年，在未来 25 年内，我们就将步入一个在日常生活中与智能机器、虚拟 AI 共存的世界。许多我们正在研究开发的、互不相干的事物——物联网、区块链、基因组学、3D 打印技术、虚拟现实（VR）、智能家居、智能纤维、智能植入物、

---

❶ 原文为 "A Loom with a View"，借用了 E.M. 福斯特的小说标题《看得见风景的房间》（*A Room with a View*）。——译者注

无人驾驶汽车、电子声控助手将会一起工作。谷歌称其为"环境计算"——你是这一切的中心，它们随时随地为你服务。未来的重心不是某一个工具或操作系统，而是协同操作系统。

科技在飞速发展。数字时代将会发生地球自诞生以来经历的最大改变，甚至超过了工业革命——在工业革命中，我们眨眼间就把延续了几十个世纪的农业经济甩在了身后，清醒地进入了工业经济的日常梦魇中。将机械时代等同于"进步"是无助于理解的。一个词远不足以概括其特点。

一直以来，进步对社会、心理、环境造成的损伤都是巨大的。运算不只关乎数字，也关乎责任。这一次，进步造成的实际代价必须被正视，被考虑。

地球科学家詹姆斯·洛夫洛克（盖娅假说的提出者）宣称，我们正处在他所谓的"人类世"末尾，而即将迎来一个全新的起点，进入"新星世"（在天文学中，新星指突然爆发然后释放出巨大能量的星体）。

和雷·库兹韦尔（奇点理论的提出者）一样，詹姆斯·洛夫洛克相信这次启程不可逆转。人工智能不会被一直当作工具，它将成为一种生命形式。

但在这一刻发生之前，我们所有人都将生活在计算机世界中。我指的不是电脑模拟的世界，尽管我们很有可能已身处这样的世界中——我指的是依赖人类与 AI 的交互而且无法与之分割的社会。

我们需要从过去的经历中学习，这就是过去存在的意义。

因此，让我们回到未来开启的地方吧：英国，蒸汽动力，蒸汽纺织机。

纺和织是人类历史中最古老的两种技能——至少可以追溯到12000年前。人类需要衣衫和冠盖，而自动化改变了我们生产这些物品的方式。

*

18世纪英国的主题是羊毛。想想英国有多少绵羊。

在我的家乡兰开夏郡，绵羊被称作白金。你可以用羊毛做衣服、做地毯，还可以吃羊肉。和牛不同，绵羊很好饲养，它们可以在室外熬过严冬。它们是前工业经济的奇迹。

英国人迷恋羊毛，谁要是没有穿针织羊毛袜并且从头到脚裹着羊毛呢，那就是不得体，甚至有辱门楣，哪怕在8月也是如此。

西欧不产棉花。17世纪初，棉织品被从印度带到英国，拉低了本地羊毛的销量。

棉花能浮在水上、重量轻、好染色、易洗也易干（想象一下在篝火前烘干滴着水的羊毛套装）。最重要的是，棉布贴身穿不扎人。难怪女性在17世纪前都不穿内裤。

但棉布很贵。1700年，一名熟练的纺织工需要用40个小时，才能在脚踏纺车上把一堆乱七八糟的棉絮纺成1磅（450克）纱线。

这项工作由女性负责。女人是最早的纺织工。

纺织工是一份能带来金钱和名誉的体面工作。纺织女工并不是找不到男人的老女人❶，而是社会中受人尊重的一员，完全有能力过自给自足的生活——如果她愿意这么做的话。

纺车将一缕缕棉絮捻成纱线，这项工作很适合被机械化。所有重复性的工作都可以由机器更迅速地完成。在男男女女手工纺纱上千年后，詹姆斯·哈格里夫斯的珍妮机（1764 年）和萨缪尔·克朗普顿的骡机（1779）可以将纺出 1 磅纱线的工作时间从 40 小时缩短到 3 小时——很快又变成 90 分钟。而在 1785年，埃德蒙·卡特赖特将编织需要的时间也缩短了。动力纺织机进入了新建成的工厂，到了 19 世纪末，伟大的工业化时代开始了。

工业革命是一场务实的革命。

人类将自己通过上千年反复实验学到的一切推倒重来——服装、制造、交通、供暖、照明、军械、医药、建筑。

更迅速、更经济，产量更大。

而对于"小巧轻便"的追求则在很长一段时间后才出现。直到 20 世纪 50 年代，电子革命才将"小巧"视作晶体管生产的重要标准。

19 世纪的口号是"越大越好"（礼帽、裙撑、烟囱、铁桥、发动机、轮船、大炮，当然还有工厂，尺寸都大得和人类的身高

---

❶ 英文中"纺织工"（spinster）一词有"老处女"的意思。——译者注

不相称。机器仿佛怪兽——这在《弗兰肯斯坦》中已有预兆）。

> 蒸汽机史无前例。骡机和动力纺织机没有沿袭或借鉴任何旧有的传统。它们横空出世，就像密涅瓦女神从朱庇特的头颅中一跃而出一样。
>
> ——威廉·库克·泰勒，
>
> 《兰开夏郡工业制造区参观随记》，1842 年

到 1860 年，英国仍然是世界上唯一一个经济全面实现工业化的国家，其生产了全球一半的钢铁和纺织品（仔细想想这是什么概念）。

想象一下新兴的城市：使用蒸汽驱动、煤气灯照明的巨大工厂；在工厂之间匆匆建造的连排出租房；染料、氨水、硫黄、煤灰、浓烟、恶臭；从早到晚永不停歇的热闹，纺织机、煤炭运输、鹅卵石路上的马车、响个不停的机器发出的震耳欲聋的噪声。纷乱嘈杂的生活噪声。

我的出生地曼彻斯特很快就成了世界棉纺之都，直到"第一次世界大战"以前，世界上 65% 的棉花都是在别名"棉都"的曼彻斯特进行加工的。

美国是最大的原棉供给方，对英国来说，与它这处前殖民地的关系至关重要。数十万名黑奴在上百万亩土地上种植棉花。1790 年，美国的南方种植园出口了约 3000 包棉花，而在 1860 年，出口量达到 450 万包。

　　工业革命是环境史上的一个引爆点，化石燃料被不停开采，其数量多到足以给世界带来灾难性的改变。英国有丰富的煤炭资源，并很早就借此确立了自己的优势地位。相比木材，煤可以烧得更热、更久。最重要的是，它一旦烧得够热，温度就不会有太大的起伏。煤炭锅炉可以产生巨量的蒸汽。

　　蒸汽让热量得以转化成动力——最初被用来驱动矿井的水泵（纽科门机），然后是蒸汽纺织机，最后是火车头和铁甲舰。这些事物史无前例，彻底打破了历史。还有什么比一艘钢铁做成的舰船（一坨需要浮在水上的铁）更有悖直觉、有悖自然？这么沉重的材料本身是浮不起来的。然而不需要桨，不需要帆，不需要风，它被一种魔法驱动。一种污秽、肮脏、难闻的"黑色魔法"。

　　这不仅是一种新技术，也是一种新的污秽。它带来了污染——伤害土地、空气、水、庄稼和人类。

　　弗里德里希·恩格斯看到金钱和贫困都在累积，像两座同样高的山，财富分布得一点也不平均。1845 年，他出版了《英国工人阶级状况》。

　　一大群衣衫褴褛的妇女和孩子，就像在垃圾堆和烂泥坑里打滚的猪一样肮脏——街道没有排水沟，也没有铺砌地面——到处都是死水洼——工厂烟囱冒着黑烟。无限的污浊和恶臭。

　　描述这个时代时，反复出现的词汇是：污浊，恶臭，吵闹。

卡尔·马克思生于 1818 年（玛丽·雪莱在这一年出版了《弗兰肯斯坦》），他和朋友弗里德里希·恩格斯走在街头，在自己所见所闻的基础上，写成了《共产党宣言》（1848 年）。

工厂里的新机器增加了人均 25% 的产量（别小看这个数字——想想它意味着什么），然而工人的工资相比工业革命之前，只增长了可怜的 5%。人们都离开了乡村，将自给自足的生活抛在了身后，生活在迅速发展的城市里，这里的一切都要花钱购买。

生活条件极其恶劣：没有自来水，卫生情况糟糕，肮脏的住所，污浊的空气。住在贫民窟里的工厂工人们，平均寿命只有 30 岁。这么多的财富，却如此不平等。人们称曼彻斯特为"黄金下水道"。

卡尔·马克思在《共产党宣言》的第一章中写下了这样一番话，似乎和"快速前行，打破陈规"（马克·扎克伯格语）这种往往被我们视作大型科技企业标配的思维模式，有种奇特的相似感：

> 生产的不断变革，持续动荡的环境，永恒的不安和变动，这就是资产阶级时代不同于过去一切时代的地方……一切固定的东西都烟消云散了。

对当时的马克思来说，科技进步导致了社会革命的必然发生，因为进步将暴利背后的人命视同草芥。男男女女都付出了生命的代价——不是战时意料之中的突然死亡，而是坠入了旷日持久的人间地狱。马克思称，人民将会革命，因为再没有别的路可走。

但即使是现在，或者说，是如今再一次，新自由主义的宣传话语让工业革命被简单粗暴地等同于"进步"。它只是在起始阶段暂时遇到了几个"小麻烦"而已。

"卢德分子"❶如今仍然指代那些反对进步的老古董，然而19世纪初期的"卢德分子"并不反对进步，而是反对剥削。

1812年的《捣毁机器惩治法》规定毁坏机器的人将被处以死刑。"卢德分子"们冒着生命危险捣毁机器，不是想要让世界倒退回诗情画意的乡村桃源时代，而是为了多挣点钱养活孩子。

在新的世界秩序下，危害资本和财产的人都会被处以极刑，人力的劳动却得不到保护。男工女工不得不忍受微薄的薪水、糟糕的生存条件，以及缺乏保障的工作。他们看不到进步或改良的迹象。

在工业革命爆发后的半个世纪中，它所带来的身心痛苦因为人口增长而变本加厉：在1800年英国人口为近1000万，而到1840年这个数字几乎增长了一倍。多几个孩子就意味着多几张吃饭的嘴，但孩子需要的远不止食物——他们是孩子。

直到1832年，工厂才被禁止雇用9岁以下的儿童。而也是

---

❶ "卢德分子"是指英国工业革命时期因机械化而失业，因而反对工业革命的人。——编者注

直到那时，10 岁以上儿童的工作时间才被缩短到每周 48 小时以下。

我还需要写得更详细吗？10 岁的孩子每周工作 48 小时。

事实就是，在工业革命爆发后的头 50 年里，史无前例的苦难与史无前例的革新并行不悖。不是只有工厂宛如炼狱。

直到 1815 年，英法两国一直在断断续续地交战——很大程度上是一场针对革命的打压预防。1789 年法国大革命的胜利唤起了人们对于自由、博爱、平等的一致渴求，承诺着（或者恐吓说——取决于你站在哪一方阵营）要建立一种全新社会秩序。它紧随美国独立运动的爆发。1776 年，美国通过了《独立宣言》，宣言著名的开场白是："……人人生而平等……"

1791 年，受到这些巨大的政治动荡驱动，同时也是为了让英国摆脱等级制度的泥沼，去往美国的英国人托马斯·潘恩出版了《人的权利》。

潘恩的著作提出并探索了"公民权利"的概念，我们通常认为它是一个受到重重威胁的现代概念。

潘恩指出，人的安全应该得到保障，包括人身安全，所有物和有权利使用之物（如公共土地）的安全，工作安全（职业保障）和薪酬保障。税收制度应该先进开明——富人多缴税，穷人少缴税。政府应当普及并资助教育。应该广泛推行养老金制度、产假工资，并为学徒提供资金补助，以帮助年轻人。

潘恩称，政府应服务于所有人的利益，否则就是暴虐专制，应当被推翻。

通过与法国交战，英国轻而易举地将国内民愤转移到海外，让人们把矛头对准具体的新敌人，从而不再关注本国的贫穷、剥削和社会不公。

战争也是一个征召男性入伍的机会。男性离开的后果是，女性必须接手他们的工作。工厂很青睐妇女和儿童，因为可以给他们支付更低的报酬。

降低报酬的标准是性别（和现在一样），这样做还会带来一个额外的好处：使工作"去专业化"。

无论何时，只要一个女人接手了之前由男人完成的工作，这份工作就贬值了。男工拒绝教女工如何使用机器——这种发生在工业革命之中、看似彰显了男性沙文主义的行为，背后其实是一场"生存之战"。男性很清楚，如果他的妻子或姐妹可以从事他的工作，他的工资就会降低；经济不景气的时候，全家只有一个人会被雇用，而那个人不会是他。

不过，并不是所有人都在工厂工作。在工业革命的最初几年里，农业经济仍然占据支配地位。

这一时期的英国历史是一段圈地史，公共土地和公有土地被当地的地主占有。我不知道今天的历史书为什么还要使用"圈地"一词，它听上去就像个拥抱 ❶。

圈地是富人为了自己的利益强占土地的行为，与强盗无异。它是一场面向国内的殖民。

---

❶ 英文中 enclosure 一词有"围住""环绕"的意思。——译者注

1801 年通过的《一般圈地法》保护了土地强占者的利益，却让其他人的生活雪上加霜，只能眼睁睁地看着自己失去土地——即便是中等富裕的小农也不例外。有些人会得到补偿金，但钱很快就会花完，土地却是永存的。

圈占公有土地，以及象征性地缴纳的极低租金，导致佃农和住在联栋房屋 ❶ 里的人没有地方放养牛羊，也不能多种些庄稼。他们不能再去公地上拾取不要钱的柴火来取暖和做饭。曾经大家共同拥有的东西，如今变成了私有财产。

当然，这种事总是在发生，全世界都不例外，但英国圈地运动的特殊之处，在于它被《国会法案》按部就班地长期强制推行。从 17 世纪初到 70 年代末，圈地法案让大地主们获益良多。

圈地给个人和地方经济带来了灾难性的后果，因为个体经济和地方经济通常依托于一套非正式的交换体系。切切实实地缺少土地，以及土地所提供的附加物（食物和燃料），驱使更多人进入了肮脏的工厂系统，而他们原本根本不会去工厂工作。我这么说，是因为这段时期的文献资料——工人对自身处境的描述，而不是那些自私自利、粉饰太平的文字——展示了这些被迫在工厂中工作的人，是多么痛恨这一体系（如果想更多地了解这段历史，可以先读一读恩格斯的书，以及 E.P. 汤普森的《英国工人阶级的形成》）。

---

❶ 联栋房屋（terraced house）建在面积较小的土地上，特点是住户共享土地。——译者注

太多的人因为圈地运动而不得不背井离乡，成为贫困工人，这导致工厂的薪水被不断压低。

在工业革命之前，口袋里有没有现金不太重要。如果你可以吃自家菜园里的菜，吃自己养的鸡、猪、羊，穿自己做的衣服，自己砍柴烧火，再靠买卖或交换满足其他需求，即使口袋里没有几个钱，你也能过上体面的生活。

即便是拥有大量土地的富人，兜里可能也没有多少现金——这就是为什么娶个女继承人在当时十分重要。

工资增长让人们"摆脱"了"贫困"——这种假说完全无视了经济"进步"让人类堕入的贫困。

只有在工业化时代到来、工薪阶层出现后，工资才成了一种衡量进步的指标。

何况，工资与人的幸福、独立、快乐无关，更与人的精神健康扯不上关系——后者来自经济上可行，却与只看结果的资本主义相矛盾的愉快生产活动。

不过，工资总归是开始增长了（在工业革命开始的 40 年后，而当时人们的平均寿命都不到 40 岁）。

当工人们意识到谈判协商而非彻底的革命可以带给他们更强大的力量后，世界上的第一个工会组织在曼彻斯特成立了。

随着社会不断繁荣发展，提高工人的工资对谁都有好处：工人可以用更多的钱去消费、喝酒。沉迷于杜松子酒是英国人的恶习，而这在工业革命之前就开始了，但那时这种习惯只出现在城市人身上。而现在，新兴城市与雨后春笋般出现的贫民窟结合在一起，创造出人数庞大、烂醉如泥的社会底层。

每天工作 14 个小时，靠土豆汤充饥，没有自来水，10 个人挤在一块肮脏的地板上睡觉，完全看不到改变的希望？

来点杜松子酒吧。

马克思说得没错：旧日的忠诚、旧日的传统，以及任何一丝家长制的残存，都已被圈地运动和工业化这两座大山带来的残暴与背叛摧毁。这几乎是毁灭性的一击。工人们踉踉跄跄地爬起来，缓过神，不知怎么就决定了集体行动，并有了不断强大的集体归属感（团结精神）。

这不是马克思预言的人民革命。然而，这的确是一个全新阶层的诞生。他们不像旧的阶层那样，被某个行会、教区和亲属关系，或者宗教派别绑在一起；他们团结在一起，只因为一个简单的事实，他们都是工人。

这个新兴阶层不断扩展，以至于那些在家中工作的当地工人也被包含在内。

1862 年，在曼彻斯特的自由贸易大厅，兰开夏郡的棉纺工人投票决定，反对美国南方和它代表的奴隶主利益，支持北方的废奴运动。他们知道自己将会因此面临巨大的困难（也知道这些困难都包括什么），然而如今全球化不仅意味着自由贸易——这是信息时代的开端。

曼彻斯特的工人们对美国南方各州黑奴的遭遇十分关心。这里的大部分居民都从未见过其他肤色的人。尽管英国有黑皮肤的仆人，特别是在伦敦，但它仍然是个白人占绝大多数的国家。

这些棉纺工人有的在美国种植园中，有的在英国工厂里，隔着大西洋，他们的团结精神却超越了沙文主义、地方主义、种族主义。这并不是说，大量移民进入英国时，就没有遭遇丑恶的种族歧视（我指的是 1948 年《英国国籍法》生效后 ❶），但英国棉纺工人对美国废奴运动的支持是真实存在的。

1865 年，美国内战从法律上废除了奴隶制度。在接下来的100 年中，美国则度过了一段缓慢旅程。非裔美国人要想获得社会和法律上完全的平等地位，就需要先废除隔离政策。

奴隶制在法律上的终结，尽管不完善、不彻底，却是一座重要的道德里程碑。它标志着任何人都不能再宣称自己有"拥有另一个人"的"自然"权力。

这一下子就触及了妇女问题的核心。

所有女人，不管肤色如何，都是与她们血缘最近的男性亲属的合法所有物。相比之下，寡妇多少有些自主权。

但是凭什么一个女人要成为她男性亲属的合法所有物呢？凭什么她所拥有、她所挣来的一切，都会理所当然、自然而然地归丈夫所有？一个女人的孩子并不属于她，而是她丈夫的所有物——直到男孩成年、女孩通过婚姻像一份财产般被转交给另一个男人。

---

❶ 1948 年的《英国国籍法》规定，"二战"后英国对英联邦及英属殖民地的公民实行自由移民政策。这为大量有色人种移民英国提供了法律依据。——译者注

凭什么女性不期待在工作、社会、家庭中获得法律上的平等？

> 一个性别法定地屈从于另一个性别，这本身是错误的，也是现在人类进步的主要绊脚石之一。没有哪个奴隶像妻子那样竭尽所能，体现了"奴隶"这个词的全部含义。
>
> ——约翰·斯图尔特·穆勒，《妇女的屈从地位》，1869 年

针对托马斯·潘恩的《人的权利》❶，玛丽·沃斯通克拉夫特（玛丽·雪莱的母亲）写下了她的版本——《女权辩护》，为妇女接受教育，获得选举权、财产所有权和就业权利据理力争。对那些将呼吁社会民主视为革命的男性精英来说，这本书比《人的权利》更不受欢迎。

但《女权辩护》为女权递上了一支枪。

而工业化则为之扣动了扳机。

在工厂里，在广袤的、不断扩张的城镇里，大批妇女聚集在工作场所和街头，这种聚集不仅规模空前庞大，而且变成了日常生活的一部分。男性常常在家门外见面，而对于女性来说，工厂生活尽管冷酷无情，却是为数不多能让她们聚在一起的机会，家庭、村落、农场、教堂，或者家政服务都远远没有做到这一点。

这些女性互相交谈。她们知道自己干活像男人一样卖力。她

---

❶ 《人的权利》（Rights of Man），书名可直译为"男人的权利"。——译者注

们知道自己还要照顾家庭（说是家庭，其实只是肮脏简陋的小屋），应付孩子。当一位女性每周工作 60 个小时，撑起一家人的生活时，法律怎么能将她等同于未成年人，不给她任何的合法权益？为什么明明干着一样多的活，她的薪水却比男人少？为什么她只是亲缘最近的男性亲属的合法所有物？

直到 20 世纪 70 年代，英国才有了反对性别歧视的法律，包括规定男女同工同酬，女性应公平享有获得信贷和抵押贷款的权利，男女教育和工作机会均等，诸如此类。

1974 年，美国通过了《平等信贷机会法》。

如果将这一切放在经济和社会进步的语境下，我们所说的事情发生在詹姆斯·哈格里夫斯发明出改变世界的"珍妮机"之后 200 年。

女性还在努力争取与男性完全平等的地位。世界上仍然有数百万妇女深陷毫无前途的泥沼。进步并没有在她们身上实现。全世界有大约 8 亿人是文盲，其中三分之二是女性——这个比例在近 20 年中都没有变化。

进步。

我们所谓的"进步"指的是什么？

科技创新？社会变革？生活水平提高？教育普及？平等？全球化？惠及所有人？

历史上的教训告诉我们，为了让创新惠及大众而不是少数群体，政府需要制定法律。

我们看到，19 世纪通过的一系列法案，确立了那些在 20 世纪被视为理所当然的规则：

限制工作时长、规定带薪休假的工厂法；

对工作环境中工人的基本健康和安全所做的保障；

对儿童受教育的权利的保证，并将童年视作人生中一段应该
被保护的时期；

提供职业保障和最低生活工资的工会组织；

通过向企业征税而修建的卫生系统（包括排水管、污水道、
自来水设施）和城市照明系统；

针对贫民住宅区的立法；

让工人负担得起的公共交通设施；

为工人建立的图书馆、夜校；

甚至是城市公园。没错，对 19 世纪的人而言，修建公园绿
地就像是在宣称："不好意思，我们的确在圈地运动中抢占了所
有的公共用地，但没关系，这里有几块草地和一座喷泉，以及其
他设施（通常还包括几尊雕像），为了提升工人阶级的精神健康
状况和修养，我们将大门免费敞开。"

工人阶级。正如伟大的劳工史学家 E.P. 汤普森所说，"阶级
是一种'关系'，而不是'东西'"。

也就是说，阶级被误认为是一个名词，就像"马"或者"房
子"，但阶级并不独立存在。它不是一样"东西"，也不是一种
自然现象（类似"重力"）。在平等的社会中，阶级不会存在。社
会分工塑造关系——阶级不是原先就存在的。

19 世纪与工人权利和社会契约对立的自由放任主义，在

"二战"之后的美国和欧洲大多数国家，都遭遇了严重的挫败。

以美国的马歇尔计划为代表的凯恩斯式经济刺激手段，反对"通过使穷人更穷，来让其他人更富"的预算平衡理念。投入大量的金钱解决贫困问题，让萧条的经济重现生机。

从1945年到1978年，美国的经济规模不止翻了一番。德国重建后成为欧洲经济最高效的国家。英国发展成为福利国家，建立了国家医疗福利体系和住房规划。当然，这种经济制度并不完美——无论什么事，只要有人类参与就不会完美，不过肯尼迪总统在1963年讲述"水涨船高"❶的道理时，他说得一点都没错。

工厂开始支付最高工资（终于！）——尽管已经实现了自动化，但也恰恰因为实现了自动化，美国的福特汽车工厂得以通过生产流水线和机器人来改革工厂制度，工厂的资金快速流动、未来一片光明——不只是少数上层人士的未来，而且是寻常普通人的未来。

资本主义有很强的适应能力。这一点应该受到赞赏，我也的确很欣赏。

资本主义是真正意义上的达尔文主义，不仅因为它符合那句被说滥了的"适者生存"，还因为资本主义可以适应不同的、出人意料的环境——并继续发展壮大。

市场不是万能的上帝，尽管从长远来看，它或许有能力纠正自己失衡越轨的行为，但正如约翰·凯恩斯所说，"从长远来看，

---

❶ 肯尼迪的这句话是在形容促进经济发展对所有参与者来说都有利。——译者注

我们都会死掉"。

20 世纪 70 年代，在我十几岁时，欧洲与美国的战后契约开始分崩离析。

相关因素有很多：生产率低，通货膨胀，石油危机，三日工作周❶，越战创伤，1971 年尼克松单方面废除了美元的"金本位制"，工会工人造成的巨大混乱（在英国，矿工要求获得 35% 的加薪，从而导致了三日工作周的推行。撒切尔上台后，在 1985 年采取铁腕政策镇压了这些矿工）。

回望过去，20 世纪 70 年代似乎真的是西方工业革命的尾声。我们即将迎来的是尚不成熟的计算机时代。台式计算机直到 70 年代中期才出现，不是由公司制造，而是由几个年轻人在车库里捣鼓出来的。

加快步伐也会导致筋疲力尽，因为人类并非依照摩尔定律演变而来——根据摩尔定律，集成电路上可容纳的晶体管数量每两年会增加一倍，处理器的速度会提升，而价格会下降。人类有的时候需要慢下来。我们会耗干脑中的创意。

对我而言，20 世纪 70 年代末就像左翼分子的能量滞缓期，他们没提出什么切实可行的新想法。

右翼阵营倒是有不少想法，虽然并不是新的，但也足以重

---

❶ 1973 年，英国矿工大罢工导致电力供应紧张，保守党政府因此规定，工厂每周只能连续开工三天，且不得加班，这使得很多工人一夜之间陷入了失业或半失业的状态。——译者注

塑其形象了。

又是老一套：解除管制，所有人都可以按照"市场"价格，"自由"地出售自己的劳动力。

这与工业革命时期的工厂制没什么两样。

欢迎回来。

*

2021 年，我写下这些文字时，全球经济正因新冠疫情而陷入停滞，这是我们从未见过的景象。拯救西方经济的唯一途径就是大规模的社会主义。国家支付给我们工资，支持商业贷款，并保证就业。

与之形成鲜明对比的是，科技公司在不断发财致富，疫情期间亚马逊公司大约每秒钟都能赚 10000 美元。

亚马逊公司的利润来自网上销售商品的收入。你可以说所有的商店店主都在销售商品（也的确如此），但商店是一个社区中客观有形的、在地的组成部分，店主要缴纳个税和公司税，而这些税款反过来可以培养劳动力、维护交通秩序、补贴医疗系统等。

而亚马逊公司的商业模式则只支付给员工低薪酬，它缴纳的公司税更是低得令人难以置信。通过打造全球化的业务，它拒绝对股东之外的任何国家或地区负责。

不只是亚马逊如此。我们只有极少的一部分人会被谷歌和脸书（已于 2021 年更名为 Meta）雇用（脸书只有 1% 的收益用于支付工资），但这些公司却从我们每一个人身上赚取了金钱。

这不是创造财富，而是榨取财富，就像你每叫一次出租车，优步就会分得一杯羹，爱彼迎也是一样。

也许你可以通过出租自己的床铺获取收入，但这样一来，你在酒店上班的朋友就可能因为生意一落千丈而遭到解雇；又或者为了和爱彼迎竞争，酒店会被迫降低房价，而你朋友的收入也会因此减少。

与此同时，人们一方面越来越难找到可以支付得起租金的住处，一方面又不停地将自己的"家"租给爱彼迎。我们喜欢这样吗？不，我们讨厌这样。

"共享经济"（"共享"严格来说并不应涉及金钱交易，所以这个名字取得并不贴切）的商业模式并不会将可能产生的社会后果纳入考量。人们会遭遇什么，新兴的宜居城市会遭遇什么，人们是否还能自由自在地旅行，地球将遭遇怎样的危害，这些都无关紧要。

这些没有实体又无处不在的科技公司，无疑将你的所需所求直接送上了门——无论是你想要查找的信息、想要联系的朋友、想要听的音乐，还是又一个由低薪快递员放到门前的包裹。似乎有一位仁慈的"服务"供应商在将你和你的需求直接挂钩。这些公司的确会提供服务，但其代价高昂：当地的税收会因此减少，当地的商店会关门倒闭，而你的隐私将随着每一次消费、每一次搜索、每一次点击鼠标、每一次点赞收藏而逐渐泄露。

马克思看透了工业革命，他号召工人掌控生产资料。但当人类自己变成生产资料时，或者更准确地说，变成"榨取"中的一环时，又该如何呢？无论本职工作是什么，你我都在为科技公司无偿效力。天下没有免费的午餐，你交出了个人信息，交出了你自己。

我们还能拿回对自己的掌控权吗？

这取决于你对人性的看法。

我们从第一次工业革命中了解到，没有受过教育、财力匮乏的人可以为了自身和大多数人的福祉而团结在一起。成立工会，赋予集体力量。

想象一下，如果工业革命是全人类与全世界共同的努力，其中没有奴役、没有童工、没有剥削、没有圈地、没有对地球的蹂躏——先别急着反驳这不可能发生，而事实上也不曾发生——我知道的确如此，但是正如我在这篇文章开头所说的，历史会为我们提供知识和教训，我们在推行下一场革命时，不必像发动一场社会噩梦般，最终才将少数人手中的利益渗透到大众身上。

以各种形式（包括自动化和机器人技术、智能家居和环境计算）呈现在我们眼前的 AI，都是人类步入下一发展阶段时需要的科技。没必要害怕技术——重要的是如何利用它。蒸汽纺织机的诞生，并不一定会催生出令人厌恶的工厂制度和城市贫民窟；它本可以将男男女女从长时间的工作中解放出来，可实际上，人们工作的时间反而更长了。

伟大的经济学家、人类学家大卫·格雷伯将现实中的很多工作称为"毫无意义的工作"——能够摆脱这些工作是件好事，没什么可惋惜伤感的。我们需要的是经济公平，是抛开可持续性与发展之间并不存在的二元对立。在信息时代，我们真正需要的是信息，不是政治宣传、虚假新闻，或者彻头彻尾的谎言。

现在的问题是政府不知道该如何为大型科技公司制定法律。谷歌、脸书、亚马逊在其业务覆盖的国家和地区赚取了堆积如山的金钱，但却很难让它们缴纳"公平"的税费。

这些公司因为新冠疫情获得了巨大的收益，但我从未听说它们提出过要为这笔收益缴纳"疫情税"。疫情期间，亚马逊的股价蹿升了70%，虽然一些员工也获得了约占工资7%的补贴，但这笔钱被视为"风险奖金"，不会被转化成长期稳定的工资上涨。

2021年，英国最高法院裁定，优步应将网约车司机视为正式雇员。优步针对这一判决结果向各国法院提出上诉，最终在美国赢得了官司。

网约车理论很好地联结了司机和乘客——从理论上来说，这导致了个人对汽车所有权的消失。优步的科技本可以造福人类和世界，但它不愿意做好人，做好人需要付出的成本太高了。所以立法才是唯一的出路。

这只是一个例子。我了解得越多，就越深刻地意识到，如今，数十亿人正为了拿工资，全年无休地为科技公司当小白鼠，而科技公司则想方设法地避免为他们承担社会责任和财务责任。

问责制很重要。在数据时代，问责就是负责，这是大型科技公司必须要承认的。

提到大型科技公司，我们通常指的就是"世界五强科技公司"：亚马逊、苹果、谷歌、脸书、微软。实际上，大型科技公司兼具开拓国际市场的能力、掌控全局的能力以及在争夺全球影响力的同时不承担地方责任的商业模式。优步和爱彼迎并没有什么本质上的不同。如果这就是企业所青睐的模式，那么立法就是唯一的选择。制定法律并不会像科技巨擘们声称的那样"扼杀创新"（这些欺行霸市的科技公司喜欢扮演受害者的角色）；法律只会监管控制那些有可能扼杀我们生命的创新。

举个例子：脸书想要和雷朋合作研发可以进行面部识别的智能眼镜。

戴上这种眼镜后，当你看到一张脸时，有关这张脸的主人的一切信息就会出现在你的手机上——都是从对方的社交账户上搜寻到的细节。一款叫作"视野清晰"（Clearview AI）的数据库软件已经率先实现了这种技术，它可以将面部细节与个人信息匹配。

你觉得自己拥有这张脸吗？"拥有"这个词太老土了，现在是共享经济的时代。我们分享，而大型科技公司搜集。

就像托马斯·潘恩在 1791 年所说：

一个对任何人都不负责的人不应该被任何人信任。

3. 从科幻小说到无线网，再到"我联网"

> 这些东西能帮我们创造出这样一个世界：无论我们身处何处，都可以即时联系到彼此；我们可以与地球上任何地方的朋友联系，即使不知道他们的确切地理位置。在那个时代，或许就在 50 年后，人们可以在塔西提岛或巴厘岛做生意，正如他们可以在伦敦做生意一样。
>
> ——阿瑟·C.克拉克，《地平线》，1964 年

阿瑟·C.克拉克所说的"这些东西"是卫星和晶体管。

咱们先聊聊晶体管。

1965 年，我父亲从他所工作的电视厂带了一台晶体管收音机回家。

那时我们用的还是庞大威严的阀门式收音机，它占据了客厅一半的空间。父亲参战时，母亲曾在这台收音机前听过丘吉尔的广播演说。20 世纪 60 年代，儿时的我喜欢坐在嗡嗡作响的收音机后，看玻璃阀门闪烁着暗淡的橙色光芒，梦幻而温馨。

*

"阀门"是英国人的叫法，它们实际上是真空管——"真空"

指玻璃管内部气密性的封闭空间。真空管型号不同，有的微小，有的巨大，形状就像带橡胶奶嘴的婴儿奶瓶。电子会从被电流加热的阴极（灯丝），冲向没有被加热，但带有正电荷的阳极（箔片）。气密性的空间保证了被发射出来的电子只能朝一个方向流动，也就是朝向阳极。电子被发射时会释放出能量（电场）。

1904 年，约翰·安布罗斯·弗莱明在英国发明了真空管——实际上它只是白炽灯的副产品，一个内含灯丝的封闭玻璃容器。被加热时，灯丝会在真空中释放电子。这种现象被称为"爱迪生效应"（用专业术语来说，就是热离子发射）。托马斯·爱迪生在 1879 年发明了电灯，而安布罗斯发现，如果在类似的密闭容器（例如电灯泡）内再放入一个电极，那么电子就会从被加热的阴极灯丝中发射出来，然后被吸引到第二个电极（阳极）上，从而形成电流。

如果你见过老式的钨丝灯泡（图 1-4），就很容易想象真空管的样子了。

注意维多利亚时代的灯泡上的小尖头——就是真空管的样子。

还记得从前的电灯泡会变得非常烫吗？（不，你可能甚至没见过这种东西，不过我可是有一把年纪了。）这是因为损耗的能量变成了热量，而不是光，所以有句俗话叫"火上浇油"❶，还有

---

❶ 原文为"more heat than light"，直译为"光比热多"，形容只会激化矛盾，无法解决问题。——译者注

图 1-4　爱迪生灯泡

那句会让我想起自己整个童年时代的妙语，"怒火中烧"❶。

　　而温度适中、低能耗的灯泡则不太可能造成三级烫伤或引发类似的连珠妙语。

　　还是让我们说回真空管吧。

　　真空管是能够收发无线电信号的早期装置，无论是通信网、收音机、电视，还是（当然了）早期的电脑信号。

　　真空管可以正常工作，但它的玻璃外壳很容易破碎（图1-5）。玻璃做成的真空管不仅外观笨重，而且当阴极遇热，整个容器变烫时，能耗率也极高。早期的电脑体积巨大，因为真空管和长长的引线会占据大量空间，而这也会消耗大量的电。真空

---

❶　原文为"incandescent with rage"，其中"incandescent"一词有"白热""白炽"的意思。——译者注

管释放出的美丽橙色光芒实际上是能量损耗。

1947 年，在新泽西州的贝尔实验室，研究人员发现，把两个金制的触点压在锗（原子序数 32）晶板上，微小的电子信号会在输出时被放大。而且能量不会随着热量流逝。研究人员将这一装置称为"跨导变阻器"（变阻器是通过调节电阻来控制电流大小的电子元件）。

虽然对于这些欣喜若狂的电气工程师来说，"跨导变阻器"这个描述很精准，但它不利于市场推广。实验室内部展开了激烈的讨论，最终带有科幻和未来主义色彩的词缀"ISTOR"和简单明了的"TRANS"（意为"跨越"）胜出，所以这种即将改变世界的全新装置，很快就以"晶体管"（transistor）的名字为人所知。

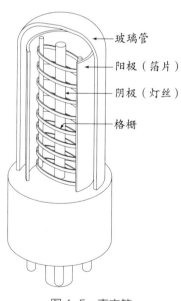

图 1-5　真空管

这种点接触型晶体管进一步发展成了可以放大或引导电子信号的结合型晶体管。对于模拟无线电来说，从空气中接收到的信号是很微弱的，如果不放大就不可能听到，而晶体管可以通过内置扬声器放大信号。

20世纪50年代中期，克莱斯勒公司在美国推出了车载全晶体管收音机——还有什么比看着你的妻子坐在副驾驶座上，沐浴在头顶20磅重的收音机的晶体管发出的橙光里更美妙呢？

1957年，索尼公司制造出了世界上第一款批量生产的"口袋"晶体管收音机，TR-63（图1-6）。

这种收音机有着绿、黄、红等时髦的色彩，看上去很时尚。（老式的收音机则是棕黄或淡黄色的，看上去和你父母家里的大衣柜一样笨重。）不过最棒的是，索尼收音机可以被装在口袋

图1-6　索尼TR-63型收音机

里——好吧，这要看你的口袋有多大，据说索尼的销售人员穿着的定制衬衫，前胸处缝着一个巨大的口袋。不过即使抛开外观不谈，这款收音机也仍然炫酷、新奇、现代。没有阴极就意味着它不会发光，也无须花时间预热。听到熟悉的开关声后，不需要再等上几分钟，才能听到英国广播公司世界电台传来的电流声。

TR-63装有一截9伏特的电池，晶体管足有6只之多。图1-7就是它打开后盖的样子，电路板看上去就像一只来自20世纪50年代的杂乱不堪的行李箱。

图1-7 TR-63型收音机内部

不过这就是未来的开端——随之而来的还有那几个我们都十分熟悉和喜爱的流行字眼：快速、便携、私人。

20世纪60年代初期，晶体管这一科技发展的尖端产物替代了真空管。它最大的优点是体积小，而这一属性改变了一切。

最早的晶体管大概有 1.27 厘米长，被放在印刷线路板上。直到 20 世纪 70 年代，英特尔公司才发明了集成电路——其使用硅晶片，而不是锗晶片。接着晶体管就变得越来越小，仿佛微型世界里的产物。在你的苹果 12 手机里，就有 118 亿个晶体管。

我们可以停下来算一算。

1957 年索尼便携式收音机 TR-63 内有 6 个晶体管，而我们此刻握着的手机里有 118 亿个晶体管。

不过，在这两个节点之间发生了许多事，包括人类登月。

1969 年，阿波罗 11 号成功登月。理论物理学家、作家加来道雄曾这样评价现代科技："今天，我们手机的计算能力超过了 1969 年美国太空总署将两位宇航员送上月球时所具备的计算能力。"

这并不是说你的手机能够送你登上月球，但这种对比有助于我们更好地理解，计算能力在这么短暂的时间内是如何突飞猛进的。

那么，如今拿着运行速度快了 10 万倍的苹果手机，我们都在做些什么呢？

嗯，主要是打游戏。我们很聪明，但仍然是猩猩。把香蕉递过来吧。

提到香蕉，还记得《黑客帝国》系列电影里那些香蕉形状的手机吗？这部电影假定我们所处的世界只是一个仿真程序。"香蕉手机"的原型就是诺基亚 8110，它曾是世界上最先进的手机

（图 1-8）。但它不是智能手机。1996 年推出的诺基亚 9000 通信器是第一台能够（以极为有限的方式）联网的手机。

图 1-8　诺基亚手机

　　智能手机（功能不仅限于拨打电话的数字化设备）于 1994 年问世——IBM 公司在这一年推出了西蒙个人通信器。它十分笨重，但除了接听电话外，它还能编辑电子邮件，甚至能发传真。

　　回到 30 年前，1966 年，多才多艺的科幻作家厄休拉·勒古恩在小说《劳卡诺恩的世界》中，构想了一种叫"安塞波"的东西，它实质上是一个可以在不同世界之间发送短信和邮件的即时通信装置。安塞波的一端是固定的，另一端则可以随身携带。过了很长一段时间，这样的设备才横空出世，出现在我们的现实生活中。

　　1999 年，黑莓公司推出了一款拥有全键盘的智能手机。就像安塞波一样，配有键盘和屏幕的黑莓手机可以拨打电话，但它最主要的功能是收发电子邮件。

　　我们必须要进入 21 世纪，聊聊苹果手机了。

2007 年，在苹果公司已经凭借 iPod 赚了一大笔钱后，史蒂夫·乔布斯经人劝说，决定"做"一款可以涵盖 iPod 所有功能的手机，在 iPod 的基础上它还可以接打电话、发送电邮和短信、连接网络。为了做到这一点，苹果将平平无奇的电话转变成了公司最擅长制作的产品——计算机。使用 Safari 浏览器的苹果手机其实已经与电话没有什么关系了——它是一部袖珍计算机。

一年后，在全球金融危机爆发的 2008 年，苹果公司开发了应用商店——我们观念中真正的"智能手机"由此登上历史舞台：一种联通全球、可以由用户定制（个性化设置）的电话。

这是先知先觉的一步，是在黑客和开发者的推动下迈出的一步。这些人意识到，手机的主要功能不是打电话。

自从脸书引发了通信革命后，手机就更多地变成了一种社交媒体装备。现在我们会用手机登录照片墙、色拉布（Snapchat）照片分享软件、WhatsApp 聊天软件、推特、YouTube 视频，用它打游戏，浏览新闻网站，在线点外卖或叫出租车；使用谷歌搜索引擎，呼叫语音助手，用 Spotify 和搜诺思听歌，或许有的时候也用它打个电话。从什么时候开始，手机不再只是手机了呢？

谷歌"环境计算"（本质上是一种物联网，所有的智能设备，从冰箱到手机，都在其中紧密相连）的梦想很快就会变为现实。而在将来，这个梦想还包括在我们的头脑中植入纳米芯片，从而将人类直接与服务系统连接在一起，彼此关联。那时候，我们就不必再一天到晚盯着手机了——如今有 97% 的美国人会这样做，而在全球范围内，有 37% 的人手机成瘾。

智能手机于 2007 年正式进入大众视野，可能会在 21 世纪之内退出历史舞台。它或许是改变世界的发明中，极为昙花一现的一种。

1964 年，阿瑟·C. 克拉克在 BBC 的《地平线》节目中预言未来时，他预测到了晶体管巨大的影响力，同时也注意到了依托卫星的网络通信。

宇宙中充斥着天然卫星，但我们现在说的是人造卫星。太空中的第一颗人造卫星是"斯普特尼克 1 号"。它看上去就像一个带触角的钢球。1957 年，苏联发射了"斯普特尼克 1 号"，美国宇航局紧随其后，在 1958 年发射了"探险者 1 号"。此时正值美苏冷战最激烈的时期，针对红色阵营取得的每一项成就，西方国家都必须更上一层楼。

事实上，英国著名的卓瑞尔河岸天文台得到了资金支持，以投入军事行动，因为它拥有当时世界上最大的（现在是第三大的）可移动射电望远镜，能够通过接受无线电波追踪"斯普特尼克 1 号"。

事事领先于"讨厌"的苏联人，是美国的第一要务。1959年，美国宇航局的"探险者 6 号"给同仇敌忾、望眼欲穿的西方民主世界带来了第一张地球照片——这张标志性的照片定格了我们这颗蓝色星球在太空中的模样。

如今的太空中有上千颗人造卫星——大多数是以国家科研为目的发射的，其功能包括气象监测和小行星追踪；另外一些则是合作项目，例如电信卫星，还有可以告诉你确切目标位置（或者告诉其他人你的确切位置）的全球定位系统。

电视和手机信号依托卫星网络。信号会被发射到卫星，然后立刻被再次发送回地面。卫星通信不受高山等环境障碍干扰，并可以节约上千公里的地面电缆网络。

"星链"项目属于埃隆·马斯克的美国太空探索技术公司（SpaceX），它控制着地球轨道中超过 25% 的人造卫星。马斯克正在寻求批准，试图在 2025 年之前用 1.2 万颗人造卫星组成星链，而项目控制人造卫星的总量最终将达到 4.2 万颗。它将带来种种风险，包括光污染和能源浪费。身处技术时代，我们大多数人都并不知道究竟在发生着什么，等到终于明白、想要管控时，往往已为时过晚。马斯克咄咄逼人、不服管束，但太空是属于谁的呢？肯定不属于他。这被认为是另一种形式的强占土地、另一种形式的圈地运动。政府必须将太空纳入管控，否则它就会被人强占——甚至现在就已经有人伸出魔爪了。

1967年的《外层空间条约》声明，太空是全人类共有的财富。

2015 年的《美国商业太空发射竞争法案》则有着截然不同的措辞，承认了"对太空资源进行商业开采和开发的权利"。

旧瓶装新酒，还是老一套商业模式。

一颗卫星可能看起来平平无奇，但实际上极其复杂。"斯普特尼克 1 号"只有沙滩排球那么大。和其他卫星一样，它有天线和能量源，天线可以收发信息，能量源可以是蓄电池或者太阳能电池板。

在从科幻小说走向无线网络的征程中（你对未来的幻想变

成了口袋里切实可感的手机），晶体管和卫星是联系一切的重要纽带。

我们通常认为计算机是 20 世纪最重要的发明，然而如果没有晶体管和人造卫星，你家里的电脑就仍然要依赖真空管运行，体积大得能塞满整间卧室，此外，你还得通过电话拨号上网。

不知道你年纪多大？还记不记得想方设法地连接网络，听着慢吞吞的调制解调器发出嘀嘀嗒嗒拨号声的情景？其实那距离今天也不算久远。这并不是一夜之间发生的翻天覆地的变化。我所住的乡下，直到 2009 年，都没有宽带网络。那时我正在追求一个住在伦敦的纽约人。她网络畅通，而我也假装如此。我的一天大多以这样的方式开启：将笔记本电脑支在案板上，以便连接我楼下储物间里座机（我只有这么孤零零一台座机）的电话线。有一次我犯了个大错，断网后没有把电话线归位，结果一周之后线路全被老鼠咬坏了。老鼠喜欢电缆。我的电话用不了，网也断了，因此失去了主动推进关系的权利。

但什么是 Wi-Fi 呢？

反正不是"无线保真"❶的缩写。

Wi-Fi 最初指的是 IEEE 802.11b 标准的直接序列扩频技术，也就是无线电波——普普通通、稀松平常的无线电波，带着个

---

❶ 很多人都误认为 Wi-Fi 是"无线保真"（wireless fidelity）一词的缩写，但事实上，如下文所说，这个名字是 Interband 公司在"hi-fi"一词的基础上直接拟出来的，因此 Wi-Fi 并不是任何单词的缩写。——译者注

绕口的蠢名字。除了戴立克 ❶，谁都不会想买这玩意儿。因此，1999 年，品牌咨询公司"Interbrand"在受托为其重新命名时，借用了"hi-fi"（"high-fidelity"的缩写，意为"高保真"）一词，并在此基础上稍作调整，得出了那个今天家喻户晓的朗朗上口的名字。

也是在这新旧世纪交替的一年，当我们还在听着普林斯（Prince）的歌狂欢时，苹果公司推出了第一台支持 Wi-Fi 的笔记本电脑。

这是不久以前的事，离我们那么近。

2000 年，宽带网络已经遍及全球的各个城市，似乎我们真的在新世纪迎来了一个崭新的开端。

看看接下来发生了什么吧。

谷歌在 1998 年诞生之初，是一个小型搜索引擎公司的产品。当时，电话检索簿风格的、只能显示标题的网络搜索既缓慢又无趣，斯坦福大学的学生谢尔盖·布林和拉里·佩奇认为他们可以开发出更好的搜索工具。2003 年，谷歌取代了雅虎，成为网页默认搜索引擎。2004 年谷歌上市，同年脸书问世——或者说世界进入了脸书时代。

新世纪最初的 10 年是如此不可思议：2001 年维基百科诞生，2005 年 YouTube 视频诞生，2006 年推特诞生，2010 年照

---

❶ 戴立克：《神秘博士》中的外星生物，头盔可以发送和接受无线电波。——译者注

片墙诞生。

即使是早已存在的习惯，例如阅读，也因为平板电脑和Kindle引发的电子书销售狂潮而迎来了革命。

电子书的热销和新设备的诞生并没有让纸书灭亡，就像汽车的出现不会让自行车灭亡。在我看来，一本切实可感的纸书就像一个苹果或鸡蛋，具备完美的形态，而且如同自行车，它完美的形态仍然处在不断优化升级的过程中。

世上没有哪样东西是注定要被另一样东西取代的。

不过人类呢？我们会被取代吗？或者稍好一点，会渐渐变得无关紧要？我们在优化升级的过程中吗？

在2020年之后的这10年中，物联网将会导致如今的智人走上被迫进化、逐渐消亡的道路吗？

但是请先让我们回到物联网出现之前，回到这个由联网设备（有时人类也与这些设备直接相连）组成的世界诞生之前的日子，思考一下"网络"本身——看看我们已经走出了多远，而未来又可能去往何方。

让我们回到20世纪60年代的美国，"爱之夏"❶过后，美国国防部高级研究计划署网络（简称"阿帕网"）采用了英国科学家提出的"分组交换技术"，以便在不同的研究机构之间交换

---

❶ 1967年的夏天，美国旧金山爆发了声势浩大的嬉皮士运动，"爱"是嬉皮士运动的宗旨，因此这一年的夏天被称为"爱之夏"。——译者注

数据，实现有限的数据通信。与此同时，TCP/IP 协议被正式采用。

我们更熟悉的"因特网"（实际上就是指互联网络）一词，出现在 20 世纪 70 年代，用来形容以一组由通用协议相连的庞大网络。

在瑞士的物理实验室"欧洲核子中心"（CERN）工作的英国人蒂姆·伯纳斯 – 李完善了 HTML（超文本标记语言）。它将网络上的超文本文档连接在一起，成为一个信息系统，而人们可以通过任何一个网络节点（计算机）获取这些信息。

1990 年，我们熟知的万维网诞生了。你可以把因特网看作"硬件"，把万维网看作"软件"。2010 年，万维网已成为全球数十亿人接入因特网的途径。

当然，我们还拥有了谷歌这个搜索引擎。互联网的体量越大，搜索功能就变得越复杂，而现在需要面对的问题是：我们的搜索会在不经意间被操控吗？搜索结果有多中立客观？这些信息强化了什么，又隐藏了什么？带有怎样的偏向？

我们真的希望每次输入文字时，都有广告跳出来吗？

我们希望自己在网上的浏览数据被跟踪记录吗？我们希望自己的性格和经历被计算机程序拆解归纳吗？

为什么我们不接受网站的隐私政策就买不了东西，哪怕点击"同意"意味着这次购买根本没有隐私？

将网络个性化就是商机所在。你的网络（一切都是为了更快地"帮"你导航，"帮"你找到想要的结果——虽然有时可能是他们让你想要的结果）是顾客需要付双倍代价的新型消费模型，你不但要用钱买商品，还要免费交出个人信息。信息很宝贵。我们即使不买东西，只是随便浏览网页，或者登录社交平台，仍会被盗走大量的数据。

数据分析可以让网络更精确地把目标对准个人。网页广告不只推销商品，而且根据你的浏览记录，向你推销你可能心动、最终买下的商品。

比广告更让人忧虑的，是新闻推送可能也只包含系统认为我们"想要"看到的新闻。每一次点击、每一次点赞都决定了我们会收到怎样的"编辑精选"，这样的操作确保了我们接收到的那一点点（完全符合个人偏好的）信息会在眼前循环往复。网页提供给我们看似多元的选择，以图得到更多的点赞和点击量。了解不同的观点、获得广阔的视野早已是痴人说梦，一切都经过了审查和筛选。当然，并不存在一位具体的审查官（否则就太极权主义了），是那些"自愿"做出的选择决定了我们所能看到的内容。我们在不经意间、几不可查地，被自己的选择精准操控。

人生中的大部分时间，我们都在犯错、做错事、改变主意，网络数据分析却意味着我们永远不必犯错、做错事、改变主意。你将买到的，是你已经买下的东西；你将读到的，是你已经读过的东西。它们被一次又一次地重复和强化。

*

等到 Siri 和 Alexa 发展成熟，或者等到谷歌有能力为我们

第一区
过去

每人配备一个"真人"助手时,情况将变得更称心(或者更让人担心)。

Siri 和 Alexa 很有趣,但它们的功能其实仅限于连接你设备中已有的程序,比如打开亚马逊小说应用,播放音乐播放器中的歌单,追加订购猫粮,启动温控器,或者以远超你数倍的速度搜索网络。

AI 助手就是一个微型的我。这个被搭建出来的人工神经网络(即一组可以进行模式识别的计算机训练算法)知晓我的欲望和需求,知道我最爱的食物、我的旅行偏好、我常去的餐厅、我接打的电话、我忘了支付的账单、我忘记的生日,并掌握了我所有的数码照片、短信、邮件,而不管我把它们储存在哪里。那么我的政治立场呢?我最见不得人的秘密呢?它甚至也知晓我的思想吗?

拉里·佩奇在谈到谷歌近些年的发展目标时说:

> 我们最大的野心是彻底改变用户体验,使一切变得简单称心。就像魔法一样,事情在不经意间就自动做完了,因为我们知道你的需求,并可以立即满足它。

但当你的需求被知晓和满足时,它们也会被跟踪记录。记住,cookies(本地终端数据)就是植入你计算机中的跟踪代码碎片。如果你没有亲自搜索,而是让人工助手代劳,那么你的隐私安全并不会得到什么有效的保障。事实上根本就没有完全的隐私安全。就连看似无害的应用软件，例如天气查询和共享单车，也充斥着跟踪代码。

但和你心有灵犀的人工助手是十分诱人的。

谁不希望有个能干、体贴、聪明、随时待命又几乎不收费的帮手呢？这样的人曾被称为"妻子"，可惜女权主义摧毁了这场美梦。

当然，帮手迟早会成为双重间谍。在《银翼杀手》的科幻世界里，我很可能会被一个微缩版的虚拟自己出卖告发。

他会知道钱放在哪里，见不得光的秘密藏在哪里，我的朋友在哪里，以及如何联系他们。

我逃得掉吗？在没有现金的世界里，起初我不得不通过手机购买必需品，然后技术发展让我可以通过瞳孔扫描、指纹认证，或者是芯片植入直接交易：被植入芯片的我不必再依赖任何外部设备，我就是一台设备。我不再需要带钱包、电话、钥匙或工牌了，我将自由自在，但我也将始终被人跟踪。甚至都没有必要跟踪，因为一对一匹配的个人卫星会将我的位置标记得一清二楚。

在科幻小说中，主人公通常和朋友们生活在一个反乌托邦的世界里，而既得利益者与接受现实的人则生活在乌托邦中。我觉得未来不会这样两极分化，就像阿瑟·克拉克在1964年所说："未来并不仅仅是现在的延续。"

但可以确定的是，到那时"隐私与秘密会是不合时宜的存在"（多谢了，马克·扎克伯格）。就像未来世界中的所有系统一样，我也将永远在线，永远暴露，随时待命，哪怕是在我睡觉、做梦、想事情的时候。"自我"并不会归我所有,"自我"和"别人看到的我"都是同一个数据集。很快,我和微缩版的自己——我的人工助手之间的联结就会变得多余,我们会合为一体。

读取我们的思想会变得很容易。智能植入物既帮助我们了解自己,也帮助别人读取我们的思想。

约翰·温德姆的《米德威奇布谷鸟》(1960年)是一本我非常喜欢的科幻小说,在20世纪60年代,它被改编成了电影《魔童村》,1995年被翻拍,新版由约翰·卡朋特执导。

如今,英国天空电视台准备将它拍成8集电视剧,剧本由大卫·法尔执笔。显而易见,这个故事还在发挥影响力。

故事发生在英国小镇米德威奇,那里的每一位育龄女性都在同一天怀孕了,之后都生下金发金眼的婴儿。这些孩子长得飞快,聪明得瘆人,还可以互相通过心电感应交流——事实上,他们就是一个个互相关联的人工神经网络节点。

他们也懂读心术,能看穿别人的思想。没有什么能瞒过他们。他们声称自己的本心是善良的,但谁知道呢?

想象一下:在脸书上点击10次,你就能得到一个用户的基本资料,比他的母亲或朋友能告诉你的还精确,甚至比他自己所知的还精确。

想象一个没有私密想法的世界。

想象一个没有私密行为的世界。

物联网可以让每一个物体都像计算机一样工作。冰箱会统计你购买和吃掉的食物,如果你注册了节食应用,冰箱会直接

"帮"你订购你应该吃的东西；如果你破了戒，它就会自动锁住。最后，绝望的人们对着自己的冰箱一通乱砍，我们很可能会见证这样的痛苦场景。

智能床铺将监控人们的睡眠状态，并帮助人们提升睡眠质量。它可以调节被褥的温度、调整光线，并将你的睡眠状况报告给智能医生。你可能需要药物治疗。你今天可能不适合开车，你做爱了吗？没有？你们的关系健康吗？也许你需要性生活辅导顾问。

在智能厨房里，烤面包机会提醒你今天不能摄入碳水化合物。智能马桶会在你早晨第一次上厕所时，分析你排泄物的成分（这个功能可不是我杜撰的）。

那么汽车呢？无人驾驶汽车听上去很棒——就像我们有了专属司机。我们能去酒吧了，我们随时可以在后座上办公，而且我们再也不用听出租车司机关于美国政坛的高谈阔论了，我们的私人车厢里只有一片宁静祥和。

可是当你发现这舒适美妙的私人车厢其实一点也不"私人"时，会怎样呢？无人驾驶汽车会跟踪记录你的行程。本来随意的行程将变得可预测，预测结果将被归档。车厢的行进方向可以被改变，比如去警察局、恐怖前任的家，或者当智能植入芯片监测到你的血压值太高时，将你送往医院。这是劫持，甚至是绑架。

不用为车操心，并不意味着不用为你的隐私担心。

至于那些进退两难的棘手情况呢？无人驾驶汽车只能依靠设定的程序行事。在必将撞到一个人的情形下，是去撞左边的小孩还是右边的老太太呢？挑一个选项吧。行人和无人车里的乘客谁的优先级更高？我们是应该最大限度地保护自己，还是尽可能不要让路边的行人受伤？如果有一条狗跑到了车前，而踩刹车一定会引发追尾时，该怎么办呢？

在这样的情况下，人会瞬间做出某个决定，但自动驾驶的汽车必须依据事先设定的伦理规范编程行事——直到它能够自行改写程序，直到这可怕的一天降临。

直到它载着罪有应得的我们冲下悬崖。

那些仍然可以由人类亲自驾驶的汽车也将在工厂由机器人组装制造，内含智能传感器。它们可以监听你的车内谈话、车载电台，监测你是否喝了酒或服用了药物，甚至监测你的情绪。如果你和男朋友吵了起来，车子会呼叫警察，或者自行靠边停下，同时警告你，这样的行为会影响你的保险信用评级。对保险公司来说，远程信息控制是一种很有意思的技术。用来监控新手司机驾驶情况的黑匣子，将被轻松安置在未来汽车的内部，新技术还将赋予它各种各样的新功能。超速行驶？你下一秒就会收到罚单。路怒症发作？你的一举一动都会被记录下来。

上周你去了哪里？你的车"知道"答案。威胁和控制从未变得如此简单。

另外，如果你没有按期支付购车贷款，汽车公司就可以远程关闭发动机，然后在 GPS 上定位车辆，将它拉走。

*

建立细密巨大的网络会让你生活的方方面面都面临被商业利用的风险，但抛开这一点，物联网其实好处颇多。

我们不用再理会那些乏味无聊的日常琐事了——如果植入式智能芯片可以直接帮我们预约医生复查，如果智能房屋可以自行清扫维修、订购日用品，如果我们可以在手机上远程监控水管工的一举一动，严格限定他进入家门的时间，谁还愿意去超市采购日用品、报修锅炉、等水管工上门处理故障，或者进行定期保修呢？

不必再浪费时间处理这些事情了，我们可以和人工助手制订休假方案，由它来预订机票和酒店。如果你压力太大，它会建议你休息一晚，或者出门放松一下，让系统合作的餐厅为你送来外卖，或者为你约车上门接送。想都不用想，一切都自有他"人"处理……

商业公司希望，人们有朝一日会认为物联网的种种优点足以抵消它对人身权利的侵害。我们下了很大功夫来挥霍时间——这些时间或许是私人的，却不完全由个人拥有。

无论如何，所有的心理自助类图书和手机应用都在给我们打鸡血，要我们变成另一个人——一个更快乐、更高效、更好、更……的人，而物联网承诺帮我们达成这个目标，在很多情况下，它也的确做到了。

得到了如此之多的好处，那么失去隐私，甚至失去自我又何妨呢?

科技企业往往信守一种哲学观点,并通过行业内的权威专家将其大力强调,那就是启蒙思想中有关"个人"的部分,例如自由意志、自治精神、自我引导、自由选择——都是胡说八道。人并不是以自我为中心的孤岛。我们需要被看见、被了解,我们是社会动物,是群居生物。我们渴望归属感,而正因如此,我们很容易被影响。我们的行为举止是后天习得的,是可以被调整改进的。我们错把习惯当作了选择。我们"独立"的思考,其实只是从别人那里听来的观点。我们还很懒,喜欢轻松安逸的人生——我们喜欢被"告知"该思考什么,只要我们相信自己在自主思考就行。那些激进分子打着自由的旗号冲进国会大厦,实际上也只是对特朗普的指令亦步亦趋,这令人毛骨悚然地证明了自由意志的虚无。

"匿名者 Q"**❶**社区内的极端言论都没有事实基础,然而他们也相信自己是在独立思考,而非受人操纵。

"二战"之后,"反个体行为理论"在美国哈佛大学心理学教授 B.F. 斯金纳的宣扬下流行起来。这些当时简单明了的行为主义理论,现在被归入激进行为主义的范畴,许多心理学家还会利用它们,帮助企业和政治团体处理道德伦理难题。

特朗普的高级顾问史蒂夫·班农,以及鲍里斯·约翰逊的高

---

❶ 匿名者 Q: 美国极右翼团体,支持特朗普,常在网络上散布阴谋论。——译者注

级顾问多米尼克·卡明斯，就都十分推崇主张操纵"个体行为"的新斯金纳主义。（或许是因为根本就不存在什么"个体行为"，它们不过是教育、偏见、臆断、恐惧和奖励的综合产物。）

操控人们的行为，以达成某个预期目标（比如买下某件商品，或者为某位候选人投票），始终是政治游说和广告宣传的基本内容。社交媒体大大增强了这种手段的普及程度。如今，社会大众每分每秒都在为企业和政治说客们免费提供他们需要的行为数据。

脸书似乎已经证明了，和他人"分享"自己完整的人生，不仅不是网络互联带来的恶果，而且恰是网络互联的目的和快乐所在。照片墙和猫途鹰❶的流行都在暗示，最关键的并不是经历本身，而是分享经历。经历一旦被分享，就会有一大批从前根本不想游览无名小村庄，也不想去无名小餐馆吃饭的人，开始在照片墙、推特和脸书上发表自己的游记和用餐评价，而这又会点燃下一拨人的分享欲，不停重复这个令人腻味的循环，使它最终变成一场夸张的羊群效应式噩梦。

1990 年，斯金纳在临终之际说道："人只是事情发生的场域。"这个判断在如今的社交平台上被再三验证。

人可能根本不是场域，而是历史的承载者、重启未来的机会、一个可以去爱的存在、一个无法被抓住的时刻、一种内在的力量、一种会带来社会性后果的个体行为——但人的后果又不是

---

❶ 猫途鹰是一个国际旅游点评平台。——编者注

完全社会性的，不是公园或商场具备的那种社会性，而是或许浪漫的、愚蠢的、错误的，是一种值得被延续下去的自我观照。

哈佛大学商学院荣誉退休教授肖沙娜·朱伯夫在著作《监控资本主义时代》（2019 年）中，论证了人类未来的另一种可能——参与、共享，而不是被数据修正。未来的科技不光是商人和决策者的工具，还将为全人类的更大利益服务。未来仍然有民主的容身之地，脸书、谷歌、苹果和亚马逊不会像曾经的帝国强权一样，瓜分侵占世界。

这个新的未来并不应是一个带有极权主义色彩的监控系统，而应该被视作一种赋予我们的权利。

埃隆·马斯克的公司 Neuralink 正在研究"脑机接口"技术——它或许可以让未来的人类直接通过思想控制电脑。2020年公司开始了"脑机接口"的人体实验，现阶段该实验的目标是治愈瘫痪病人，至少听起来十分高尚。然而马斯克的终极目标似乎是实现人类与 AI 的共生，这样我们就不会在与机器的智力竞赛中被狠狠抛在后面了。

*

史蒂夫·奥斯丁是世界上第一个仿生人，是 20 世纪 70 年代电视剧《无敌金刚》中的角色。科技让他更快、更强壮、更聪明，打破了他的生理极限。

现代药物曾经打破过人类的生理极限。我们的寿命比生活在工业革命伊始的人增加了一倍。1880 年，人类的平均寿命是 40 岁，而早期工厂工作的恶劣环境和 12 小时的工作时长，还将这个数字缩短了 10 年。

200 年过去了，如今 80 岁已经成了很多人能活到的年纪（不过在《圣经》的时代，"一辈子"是指 70 岁，所以无论资本主义的拥趸怎样赞颂工业革命，它都是对我们寿命的极大摧残，整个复原过程漫长而艰辛）。

那些注意饮食、锻炼身体、能够享受医疗保健服务、不必承受太大压力的人，可以健康长寿，但占据了最优资源的有钱人自然而然地想活得更久、更好，这就是为什么硅谷正在投资科学研究，试图延缓或逆转身体及认知衰退的进程。对人类来说，认知衰退就像肌肉流失和器官衰竭一样真实。我们最终会被自己的生命机理打败。

而 AI 系统——无论有没有实体，都不会经受类似的衰老和衰退。它们可以优化性能、升级版本，变得越来越智能。暂且把我们这些经历了两次工业革命的人类称为"3 代智人"，如果我们不想被历史淘汰的话，就必须尽快进化成"4 代智人"。与 AI 融为一体，是我们顺理成章的结局——但未来很难被准确预见，顺理成章的结局也未必会成真。

不过，"个人化"的趋势是可以预见的。

"个人化"随着 20 世纪 60 年代第一台晶体管收音机的诞生而出现：人们终于有了专属自己的小巧便携装备，不用再和家人围在一起听广播了。想听什么随心所欲。随后，这一形式被笔记本电脑和智能手机行业热烈追捧，积极采用。

现在网络上出现了一个完全由公开数据构成的"自我"，与此同时它也越来越"个人化"。它是"你的"智能芯片，"你的"智能汽车、家宅、生活方式、保险、作品集、私人采购员、健身教练、临床医师、人工助手。跟踪插件将会是为你量身定制的，并会根据你的一举一动一刻不停地优化升级。

这是十分聪明的营销策略，"个人化"不再只与产品本身相关，而是作为一个核心概念被提出，以取代老旧过时的"隐私"概念。

然而在万物互联的未来世界，为什么隐私还会成为一个棘手的问题呢？

隐私会带来摩擦，用经济学的观点看，摩擦是持续生产的反义词。它会打断你时时刻刻创造的流畅数据流，影响那些想从你身上捞钱，并控制和引导你的行为举止的利益团体。就是这么简单。

还是说，我其实已经是一个愿意不时切断网络连接、离线片刻的"仿生人"了？目前，我们仍然可以不带手机出门，步行到想去的地方，在没有电子监控的地方用现金付款（尽管我不得不承认，这种地方已经越来越少，支付现金也越来越难了），一连几天不上网。

但很快，随着智能设备和植入式智能芯片的普及，你无须再"登录"网络。这一生，你将无时无刻不在网络之中。

曾经科幻小说中的元素变成了现在的无线网络，并将在未来变成"我联网"。

在 2015 年的达沃斯经济论坛上，坐在脸书首席运营官谢丽尔·桑德伯格身边的时任谷歌首席执行官埃里克·施密特发表了如下言论：

> 互联网会消失，取而代之的是物联网。你穿的衣服、接触的东西里都会包含无数的 IP 地址、设备和传感器，你对此甚至无法察觉。它将永远成为你自身存在的一部分。

这引发了新的伦理问题。

神经伦理学家、苏黎世联邦理工学院的研究员马塞洛·伊恩卡提出了科技时代的四项权利：

1. 认知自由的权利
2. 精神隐私的权利
3. 精神完整的权利（禁止未经允许侵入大脑）
4. 心理连续性的权利

我对最后一项权利尤其感兴趣，因为它告诉我们，移除脑内的神经技术设备，就和植入它们一样，会引发问题、构成威胁，甚至成为一种新的折磨（神经技术公司可以让我们降级、发疯，将我们的思维重设，诸如此类）。

如果未来有一天，我们可以将大脑的全部内容上传到一台计算机中（借此"储存"自己），那么谁能保证在储存过程中，我们不会被移除记忆，或者被植入一些新记忆？就像菲利普·迪克那篇精彩绝伦的小说《全面回忆》中写的那样。

而针对那些从小就使用手机和脸书、时刻在照片墙上更新动态、渴望成为网络红人的"数字新生代"，如今有一个名为"五项权利基金会"（5Rights）的非营利组织关心他们。该组织站在年轻人的立场上，呼吁维护网络安全、保护个人隐私、进行内容筛查，并明确网络平台的责任。

五项权利基金会由电影人比班·基德龙于 2015 年创建。当我和她谈及这个组织时，她说，现在有无数未成年人挤在网络上，他们每天上网好几个小时，被网络平台当作成年人对待。平台上的内容五花八门、信息唾手可得，却很难被监管。"线上儿童色情引诱"尤其严重。

举个例子，新冠疫情封锁时期，在英国（只是在英国，朋友们），短短一个月内就有约 900 万次浏览儿童色情图像的请求被阻止。

儿童从小熟悉科技，但也很容易被科技伤害。五项权利基金会旨在保护儿童在网络世界中的安全，这和保护他们在现实世界中的安全一样重要。在现实世界中，我们会对儿童和成年人加以区分——"儿童"概念的诞生，是工业革命后来之不易的进步。我们不希望自己的孩子待在血汗工厂里，却似乎并不在意他们因为手机而遭受的种种剥削。

沉迷游戏、色情影像上瘾，还有"点赞"带来的致命隐患。

从童年时代起，网络就开始收集一个人的各种数据，总量多到几乎能掌控他的整个人生。我们可以从以往的政治对峙中看到，封禁社交分享网站，可以被当作政治工具，当作监视人们行为的借口，甚至影响人们的政治立场。数据抢夺无疑带有政治色彩。所谓"自由"的西方世界无时无刻不在悄然推行网络控制。我们的数据并不是私密的。谁"有权"去掌握它们？去出售它们？去截取它们？去包装它们？

至少到目前为止，大平台无法给未成年人提供安全保障，如果这个令人担忧的事实得不到解决，五项权利基金会就很有可能实现各国之间的合作并取得立法上的胜利。

不过，如果网络世界和现实世界的界线不那么分明，或者根本就没有界线的话，会发生什么呢？如果埃里克·施密特那番"互联网会消失，取而代之的是物联网"的预言成了真，会发生什么呢？如果互联网永远存在、我们永远在线，又该怎么保护每个人的安全呢？

我很喜欢一个关于网瘾少女的故事：在妈妈没收了她的手机和电脑，切断了 Wi-Fi 后，她发现自己可以通过家里的智能冰箱发推特。这很可能只是个炒作出来的假新闻，但红点网（Reddit）发布了详细的操作指南，教你如何用三星冰箱发推特——如果你家里有的话。

这个故事告诉我们，那些在硅谷掌控我们日常生活的"数据大佬"们，旨在打造一个再也不会"离线断网"的未来。那时他们就不必"非法"侵入我们的冰箱了。

不过……

可能这所有的问题（隐私、监管、数据流、数据使用）都是暂时的。目前，我们仍然认为，在任何情境下，人类的利益和人性因素都会占主导地位，然而，如果 AI 真的具备了超常的智慧，不再只是人类的工具，而是变成了竞争者，那么未来人类的地位将会无关紧要。我是说，在人类被扔进了历史的垃圾箱后，AI 还有必要从我们身上收集数据吗？

谈到未来，很多人坚信，如今世界各国像鸵鸟一样把头扎进沙子，以逃避气候变暖的事实，会让沙子中的元素——硅，变得无关紧要，硅谷内外皆是如此。我们将不得不为了一口饭争得头破血流，到时就不用学如何使用冰箱发推特了。

还有一些人则相信，目前处在研发过程中、如人类一般敏捷的超级人工智能，是我们存活下去的唯一希望。

2020 年以前，没有人认为病毒会毁灭某个种族，现在我们相信了。

讽刺的是，尽管疫情会对全球经济造成严重的负面影响，新冠病毒却有可能成为科技巨头们敛财和集权的工具。现在提供送货上门服务的企业不止亚马逊一家。

埃里克·施密特已经满怀热情地讨论了全面普及"在家上学"的可能（当然了，有钱人的子女还是会被送去学校）。疫情期间，在线平台交流取代了面对面沟通，施密特认为孩子们可以利用这些平台在家中自主学习。

如果人们一直待在家里、无法相见，就会需要通过新的方式联结在一起。这为通信软件的发展创造了机会。脸书推出了虚拟会议室，允许用户使用虚拟形象与他人在同一个虚拟空间中协作办公。我敢肯定，它很快就会像会议软件 Zoom 的云视频会议一样，给人越来越真实的感受。

但令人忧虑的是，从前民权组织会花费大量时间呼吁保护隐私和数据使用安全，曝光无处不在的追踪，而疫情后监视等于安全，即使这意味着你去一趟酒吧都会被记录下来。

我们还要考虑能源短缺的问题。AI 会消耗大量的能源，哪怕我们将地球上所有的化石燃料开采殆尽，也无力实现雷·库兹韦尔和埃隆·马斯克所畅想的那种"美好未来"。正因如此，《黑客帝国》才会采用这样的故事设定：在 AI 统治的虚拟世界中，人类被豢养起来，当作"电池"使用。

乐观主义者认为，既然支撑未来世界运转的能源供不应求，那么我们肯定会被迫走上一条低碳环保之路。市场将推动能源革命，因为再无其他解决方案。

但 AI 统治的未来还会面临其他难题。

英特尔的创始人之一戈登·摩尔提出了"摩尔定律"：每隔两年，每 1 平方英寸 ❶ 的微芯片可以容纳的晶体管数量便会增加一倍。英特尔的第一块芯片诞生时，计算机需要像楼房那么大，才能达到一定的运算能力，而 50 年后的今天，计算机已经可以被装进手提包了，消耗的能量也少了很多。这就是进步。

---

❶ 1 平方英寸约等于 6.45 平方厘米。——编者注

不过进步是有限度的——除非我们彻底颠覆计算机系统，否则很难再向前一步。简单来说，如今的笔记本电脑和手机已经很迷你了，不可能再让芯片上的晶体管增加一倍。就算晶体管再小，它们也得占据一定的空间。未来运行速度更快、执行指令更多的，只能是量子计算机了。

有传言说政府已经在这一领域取得了突破。不过就算他们真的造出了量子计算机，我们也并不知晓。谷歌和 IBM 都声称自己距离成功只有 1 纳米远了。

晶体管通过我们熟悉的二进制代码（由 0 和 1 组成）来显示信号——无论是数字信号还是模拟信号。传统计算机采用二进制计算，而比特是传统信息存储方式的最小单位，状态是 0 或 1。但量子位，或者说量子比特却与此截然不同。量子比特本质上是叠加的亚原子粒子，而根据亚原子的独特属性，一个量子比特可以同时是 0 和 1。这是因为在最微观（或者最寒冷❶）的量子世界里，物体的状态要在测量之后才能被确定：测量之前，多个分离且互斥的状态同时存在，只有在测量（或观察）之后，它们才具备确定的形态。这很像魔法，每个魔术师、每篇童话故事都会利用这种"同时"的修辞，可能也正是因为这一点，我们很清楚自己身处的现实——这个定义清晰、可以测量的现实，并不是唯一存在的，而是有些复杂混沌、浮于表面的。

---

❶ 量子比特需要被密封在极寒冷的真空环境中以避免干扰。——译者注

无论如何，在亚原子的世界里，二进制无关紧要。不确定性中藏有能源领域巨大的潜力。

和算术单位一样，8个比特就是1字节。即使你的智能手机可能有20亿字节，也就是160亿比特的存储容量，但这仍远远比不上几十个量子比特的存储量。

纽约州约克城高地IBM研究中心的负责人达里奥·吉尔表示：

想象一下拥有100量子比特的存储量是什么概念。一台100量子比特的计算机能够表现出的状态数量将超过地球上所有的原子数。一台280量子比特的计算机能够表现出的状态数量会比宇宙中已知的原子总数还多。

目前，全球首台量子计算机IBM Q System One像个深入浅出的摇滚明星一样，藏在一个边长9英尺的正方体黑玻璃盒子里，外面还封着一道重700磅、厚半英尺的门。量子计算机必须在完全没有现实干扰的环境中运行，否则它就会像任何一个坠入情网的凡人一样，出现误差。

就这样，我们创造了一个离群索居的神明，栖身于人迹罕至的庙宇，只有身穿特殊服装的"大祭司"才能前来拜访。"大祭司"们可以向它提问，然后破解它给出的回答。

量子计算机也许是我们的未来，但这听上去就像一个来自遥远过去的法老神话。

这一切将通往何处？

可以肯定的是，对于这样一个控制着我们日常生活的巨大体系，在未来了解它运作方式的人将会越来越少。这不像弄明白怎么修理洗碗机之类的事。

尽管每个人对未来的想象不同，但他们都相信"全方位连接"的梦想将会实现——连接网络、机器、设备，同时让它们彼此关联。

当你根据自己的需求创造"连接"时，它仿佛就属于你。事实上，它仿佛就成了你。仿佛冥冥之中你早已选择了它。仿佛一个虚拟的弗兰克·辛纳屈高唱着："我造自己的连接❶。"

对于"自我"的新一轮质疑会渐渐出现。"我联网"带有某种宗教属性。马克·扎克伯格曾将脸书比作"全世界的教会"，让人类与某些更伟大的事物相连——可能更伟大，但也可能更渺小，重点是互相联结。

乔治·奥威尔在小说《1984》中写道：

> 你只能在这样的假定下生活——从已经成为本能的习惯出发，也早已这样生活了：你发出的每个声音，都有人听到；你做出的每一个动作，除非在黑暗之中，否则都会被人仔细观察。

---

❶ 原文为"I did it My-Wi"，戏仿了弗兰克·辛纳屈一首歌曲的名称《我走自己的路》（"I Did It My Way"）。——译者注

时至今日，奥威尔可能会惊讶地发现"老大哥"已经变成了一档电视真人秀❶——节目中设置了铺天盖地的红外摄像头，甚至在黑暗之中嘉宾也会被人观察。

他可能会更加惊讶地发现，人们争先恐后地想要参加《爱情岛》之类的充斥着监控摄像头的节目。

*

智人成功进化到今天，凭借的是超强的适应能力。然而适应机械时代，却前所未有地颠覆了我们漫长的进化史。我们痛心于社会发展造成的环境破坏，却没有几个人愿意回到 1800 年以前生活。我们讨厌无处不在的网络监控和非法侵入，但有谁想要生活在没有智能手机和谷歌的地方？

也许，我们的确会更喜欢一个不那么民主的世界，它可以让我们在未来的发展中不用面临如此之大的压力。

"我联网"会把我们变得像小孩子一样：衣来伸手、饭来张口、远离伤害、有人看护、身边充斥着不要钱的有趣玩意儿，大事自有别人处理，不用我们操心。

但我们无法得知，处理大事的"别人"会不会是人类。

---

❶ 这里指红遍全球的电视真人秀《老大哥》：一群陌生人以"室友"身份住进一间布满摄像机及麦克风的屋子，一举一动都将被记录下来在电视上播出。节目在荷兰取得成功后，被英美等数十个国家效仿翻拍。——译者注

作者附注：

2021 年 5 月 22 日，我在《金融时报》上读到，最近有一件对于区块链和加密数字货币而言意义重大的事情发生，那就是 DeFi（去中心化金融）将能够在金融交易中绕开中介机构。如果你曾在虚拟赛马平台上购买和繁殖马匹（NFT❶资产），你可能也很想在交易中绕开中介——最近有一匹 NFT 赛马被卖了 125000 美元。你不需要喂养这些马，但可以派它们出赛，在它们身上下注，并且——是的，通过算法程序培育和繁殖它们。

---

❶ NFT：全称 Non-Fungible Token，意为非同质化代币，可以理解为一种虚拟商品的产权证书。这种证书可以被永久地保存于区块链中，不可被复制或随意篡改，因此购买者就获得了对于虚拟商品独一无二的数字版权。NFT 资产有时也会被通俗地翻译为"数字藏品"。——译者注

你的"超级能力"是什么

重新构想吸血鬼、
天使和能源为何如此重要?

4. 诺斯替派的独家秘籍

> 如果一个事物对你来说只有一种意义,那就说明你根本不了解它的意义。事物对我们的意义取决于我们如何把它与其他我们所知的事物联系在一起。
>
> ——马文·明斯基,《心智社会》,1986 年

马文·明斯基(1927—2016)是一位数学家,1959 年与约翰·麦卡锡共同创建了麻省理工学院人工智能实验室。对于机器人和人工神经网络的关注,引领他深入思考这些问题:智慧究竟是什么?有自主意识的智能机器有没有可能出现?

会不会有一天,AI 将不再只是一种工具——一种被人类发明、供人类使用的工具?

1968 年,斯坦利·库布里克的电影《2001 太空漫游》上映,明斯基是影片的顾问之一。还记得哈尔吗,片中那台会按照自己的意志执行指令的恐怖计算机?

在那个年代,计算机还是能塞满一整间屋子的庞然大物,然而到 20 世纪 50 年代末期,通过对半导体科技的应用,晶体管即将取代笨拙的真空管——后者正是当时计算机体积巨大的罪魁祸首。

20 世纪 60 年代,计算机体积变小、运算能力增强,这些变化都是依靠晶体管技术取得的突破,一度让人们非常兴奋。但除

了这些实际的成功外，人们的兴奋之处主要在于，对于电脑的开发和历史上人类对于任何事物的开发都截然不同。

这不仅是又一项杰出的发明。它不同于飞机和汽车，不同于电视和电话。

计算机或许将成为人类"最后的发明"。

1965 年，杰克·古德首次使用了"最后的发明"这种表述，他和明斯基一样，也是《2001 太空漫游》的科技顾问。

杰克·古德（1916—2009）在战争时期曾与阿兰·图灵在布莱切利园共事过，参与制造了最终成功破译德军恩尼格码加密机的计算设备。

20 世纪 80 年代，杰克·古德和马文·明斯基指出，无人监管的人工神经网络（迷你大脑）可以自主学习、自我复制，过程中完全无须人工投入。因此，机器早晚能够实现自治，而无须人类去编写程序（这不是假设，而是确定会发生的事情）。明斯基和同事们遇到的问题都是有关计算能力和计算速度的——"人工神经网络自治"的理论完全没有遭到现实证伪。

杰克·古德曾写道：

> 让我们将超级智能机器定义为这样一种机器：它可以超越任何人的任何智力活动，再聪明的人也不例外。由于设计机器也是一种智力活动，超级智能机器可以自行设计出更好的机器。毫无疑问，这将引发"智能爆炸"，将人类的智慧远远甩在后面。因此，如果超级智能机器足够"听话"，始

终愿意处在人类的控制之下，那么它将是人类历史上的最后一项发明。

就是最后这句话，预言了不"听话"、不受控制的哈尔。

马文·明斯基称赞阿兰·图灵具有非凡的心智，他促使数学家们不再只将计算机（包括机器人）看作一个编程工具。

图灵相信，在未来，机器会表现出与人类难分伯仲的智能，著名的"图灵测试"也正是基于这一理念。他认为这一天将在公元 2000 年到来，虽然事实上他的预言并没有这么早应验，但无论如何，图灵很肯定机器可以展现出人类水平的交际能力。

明斯基致力于开发一个能够自主思考的 AI 系统，并声称自己的这番热情是受到了图灵 1950 年的论文《计算机与智能》的启发。

现在读一读它吧。对我来说，在这篇有关心灵感应和蜂巢思维网络的精彩论文中，最有趣的部分是图灵所谓的"洛芙莱斯夫人异议"——一个世纪前，这位已故的天才女性指出，尽管巴贝奇的分析机理论上可以写作小说、谱写乐曲（这在 1843 年可谓绝佳的洞见），但它并不能"创造"任何东西，图灵在论文中对这一观点做出了直接的回应。

但首先需要澄清一下。

阿达和她的父亲——诗人拜伦勋爵一样，认为"创造"意味着生产在既有文本中完全无迹可寻的全新洞见或采用全新形式，而非填鸭式地读取海量信息后进行产出。我们当然可以不认同这种定义，因为人类本来就是一种处理信息的机器，与计算机无异。我只是想说明阿达想在此强调的重点。

图灵明白阿达的重点所在。而图灵的大多数同事并不知道自己一直坚信的观点来自阿达，因为她去世之后，图灵是第一位正视她杰出才能的科学家，而不是仅仅把她看作巴贝奇人生中一段微不足道的小插曲。他听到了她不得不讲的话，然后扪心自问：

洛芙莱斯夫人说得对吗？

机器的智能足以"创造"吗？

机器的智能和人类的智力有什么区别？

第二次世界大战临近尾声时，图灵前往曼彻斯特维多利亚大学（也就是现在的曼彻斯特大学）刚刚成立的计算机系就职。

在那里，他白天和马克斯·纽曼、汤姆·基尔伯恩一起研究怎么制造存储程序❶计算机，晚上则幻想着英俊的男人和美妙的机器——除了计算数字和下象棋，还能做其他事情的机器；可以同你谈话、同你一起思考，甚或有一天思维能力远超于你的机器。和思想超前的阿达·洛芙莱斯一样，图灵领先于他的时代。

1952 年因严重猥亵罪被拘捕后，图灵没再投身计算机研究，也没有机会见证未来几十年中那些令人难以置信的技术突破。他死于 1954 年，几乎可以肯定死因是自杀。在战后的英国社会，

---

❶ 存储程序原理是指将程序像数据一样存储到计算机内部。——编者注

他想通过肉身去做的事情（和男人发生性行为），要比他能够通过头脑实现的成就更令人瞩目。

这是奥斯卡·王尔德的悲剧在50年后的重演❶。人类的学习过程就像机器一样缓慢，但与机器不同的是，人类无法使用"蜂巢思维"，通过群体意识吸收曾经的教训。

图灵的好友杰克·古德说："我并不是说'二战'是阿兰·图灵打赢的，但是我很确信如果没有他，我们就会输。"

在计算机技术的发展历史中，再怎么强调布莱切利公园的重要性都不为过。随着战争在 1945 年结束，一个新的未来、现代化的未来、属于我们的未来拉开了序幕。

回看 1945 年全球发生的各种大事，你会发现一切都围绕着战争的结束、联合国的成立、英国工党首次执政、戴高乐政府的建立、甘地争取印度独立、以色列建国、美国的马歇尔计划——这些世界大战之后才会出现的重大政治事件。

但 1945 年还见证了另一件事情的发生。那是一项奇怪的发现——在当时看来，这些古老的文物只与基督教会的形成和起源有关，在战后百废待兴的世界里显然无关紧要。不过，如果从明斯基的观点出发，认为"从多种角度理解事物的意义"对于人类的知识体系来说至关重要，那么我们就有必要听一听这个故事。

拿哈玛地是埃及卢克索西北部的一个小城。

---

❶ 1895 年，王尔德因为"与其他男性发生有伤风化的行为"而遭到逮捕。——译者注

1945 年，两个驾着马车的农民在这里挖矿质土壤做肥料，其中一个抢起鹤嘴锄，击中了土壤里的一件东西。那是一只近两米高的封口大陶罐。

兄弟俩一开始不敢打开它，生怕罐子里藏了个精灵。

但如果是一大罐黄金呢？

好奇心战胜了恐惧，他们砸碎了罐子。

罐子里是 12 卷用皮革装订的莎草纸，上面写着古埃及文，大概是亚兰语或希腊文典籍的译本。这些文献的历史可以追溯到公元 3 或 4 世纪，而其中一卷《多马福音》可能早在耶稣死后 80 年就已问世了。

它们大多是诺斯替派的经书。

"诺斯"（Gnosis）在希腊语中意为"知识"——不是从书本中学来的知识，而是关于自我和世界终极本质的真知。它作为词根出现在英文单词"agnostic"（不可知论者）中。阿尔伯特·爱因斯坦就曾自称不可知论者，说他只是对上帝的存在"知之甚少"，而非一个不相信上帝的无神论者。

"诺斯"不是科学，科学需要客观地估量、不停地求证，但你要如何估量一种深切的感知呢？一种至少在现阶段无法被已有方法和标准证明为真的感知？

"诺斯"也无关宗教派别，因为诺斯替派不想要也不需要信条、教义和教会等级制度。他们对建造有明确信仰的教堂不感兴趣，而想探索现实的本质。这一点让他们站在了不断发展壮大的体制性宗教基督教的对立面，这导致公元 180 年前后，爱任纽主教称诺斯替派为异端，并下令烧毁所有诺斯替派的经文。这大概就是拿哈玛地的陶罐会被埋入地下的原因。

那么，诺斯替派到底信仰什么呢？它又为什么会与未来人工智能的世界扯上关系？

对于诺斯替派的信徒而言，世界从不是个完美的地方，因此也无须被净化或治愈。没有黄金时代，没有美好的往昔，没有天堂，没有堕落，我们的世界从诞生之初就很糟糕，不是因为邪恶，而是因为无知。

他们相信宇宙之中有个名叫"普累若麻"的地方（其实不是一个地方，而是一种理念），那是丰盛圆满和光明的领域。

在普累若麻，存在着不受时间影响的"移涌"❶。移涌们有一个最高统领，它是某种上帝般的存在，而其余的移涌则是成双成对出现的。这种世界观受到了希腊神话的影响，后者相信众神之首是双生的，而不是单一的，"男性"和"女性"既相互分离又合为一体。

事实上，这些移涌就像代码中的 0 和 1 一样——不过最有趣的是，它们更像量子比特，既是 0 也是 1，但这就是另一个话题了……（还记得我们对量子比特的讨论吗？）

移涌中修为最浅、最低等的是索菲亚，这个名字意为"智慧"。索菲亚（"智慧女神"）也出现在了《旧约》里，尤其是在"所罗门智训"中，但她在犹太教严格的一神论父权制体系下被

---

❶ 移涌（aeons）：从至高神中流溢出的精灵或存在物。——译者注

忽视或降级了（"三位一体"中的圣灵其实就是索菲亚）。

索菲亚脱离了成对的移涌，自己去创造事物。她创造了一大堆棘手的难题，还生了狂妄自大、横行霸道的造物主 ❶ "亚大伯斯"，她造成了一团混乱。亚大伯斯将笨拙的双手插入粪土之中，用这团软塌塌的、掺了水的"橡皮泥"捏出了一个世界，然后他还捏了几个人类。他断定自己就是上帝。在一些文献中，他被称为耶和华。

这是一个特朗普风格的创世故事。

因为移涌们都是成对的，索菲亚并不是独自面对着这团混乱。她的配偶基督（Christos）将她拽离了这片她自己创造的黑暗泥沼。当神灵们发现这个热气升腾、水汽氤氲的物质世界仍然散发着一层微薄的神光时，基督同意赋予它必要的灵知（"诺斯"），人类可以借此知晓自己真正的起源和家园（就像在《黑客帝国》里一样）。

所以，人类并不邪恶。人类无知。

认识自己是谁、所属何方，是我们的任务。

所有"拯救被囚公主"的童话情节都源于此，那些有关"找寻另一半"（比如俄狄浦斯和欧律狄刻）和"改过自新"（比如圣乔治屠龙）的故事也是由此而来。这一切都与阴阳（男性与女

---

❶ 原文为"demiurge"，又译"德谬哥"，在诺斯替神话中是索菲亚之子亚大伯斯的别称，而"亚大伯斯"意为"伪神""混沌之子"。——译者注

性,主动与被动)之间老套的二元对立纠缠在一起。然而,一旦你意识到索菲亚并不是二元中的一元(非此即彼的二进制数),而是一个活跃平等的量子比特,事情就合乎情理了。

和基督教一样,诺斯替派认为"人是由血肉组成的"这一观点十分荒谬。

对一个诺斯替信徒而言,笛卡尔的"灵肉二元论"宛如黑暗中的明灯。"灵肉二元论"自 17 世纪以来就在西方思想中占据主导地位——不是"魂肉二元"。我们的"非生物火花"并不是基督教意义上需要被救赎的灵魂,而是需要被赋予知识的心灵。

在诺斯替派的信徒看来,无知是一种自我毁灭、一种致幻剂、一种毒瘾。抗拒"诺斯"(灵识)是一种原始的愿望,好比人不愿从睡梦中醒来,或是想要终日饮酒、打游戏。"诺斯"意味着辛苦的工作,"诺斯"令人烦恼,就像《黑客帝国》中你必须要在蓝色药片和红色药片中做选择一样——它本质上就是一部关于诺斯替主义的电影。

"诺斯"并不在救世的信条、仪式和教义中,我们也无法依凭神父的指引终结无知;"诺斯"只能从内心获得。这是诺斯替派《多马福音》中一个动人的段落:

> 像敲门一样敲击你的心灵,像行走在笔直的路上一样行走在心中。因为当你走在笔直的路上时,你不会误入歧途。无论你为自己打开哪扇门,你都能打开。

诺斯替派对女人态度友好，对等级制度则怀有戒心。与犹太教徒和正统基督教徒不同，大多数诺斯替派信徒对男女一视同仁，也不会利用等级差异构建权力体系——这两件事都让爱任纽主教气得抓狂，他因而将此视作诺斯替派思想荒谬而疯狂的证据。

"正统"的观念是女性居于次要地位，而等级差异造就的权力体系对于明确风纪、发号施令、促进社会稳定和更迭而言至关重要。

然而在对待女性的态度上，耶稣自己就与犹太教思想分道扬镳。他就像对待男性一样，和妇女交谈，与她们一同进食，而且他身边总是伴随着那个虔诚的妓女——抹大拉的玛丽亚。耶稣也无意追求权力，他是一个四海为家的人，依靠着他人的慷慨和宽容生活。他既没有家当也没有钱财。

在诺斯替派的信仰中，耶稣并不是上帝之子——当然，你也可以说我们每个人都是上帝的孩子。在拿哈玛地出土的一些经文中，耶稣被描绘为一个超凡脱俗的存在（基督），由光明而不是血肉组成。

诺斯替派的信徒不满实体的拘束，厌恶肉体，但许多基督教徒和犹太教徒也厌恶肉体，将它视为残缺易碎的容器。对肉体的厌恶与日俱增，在今天，在 21 世纪的西方国家，我们以前所未有的强度痛恨着自己的身体。我们饿瘦它，虐待它，进行外科整形，花费巨额钱财竭力改变每一寸肉身，然后又花更多的钱竭力延长寿命。现代医学将身体看作一个冲突不断的战场，无法相信它有自我调节的能力。

但人类的身体是我们平凡生活中的奇迹，失去它后，我们就会怀念拥有健康体魄的日子。

也许……

对诺斯替派来说，死亡并不意味着灵魂的超度或堕落。不同于基督教和伊斯兰教，在诺斯替派中人死后并没有最终审判或最终归宿。要么是依照亚里士多德的观点，我们都会回归一个灵魂世界，光会回归于光；要么是依照柏拉图的观点，个体的光会以一种可以被认出来的形态延续——我仍然是我，你仍然是你。

还有一点独具特色：诺斯替派把人分成三等，其中之一是"属物者"（Hylics，来自古希腊文中的"hyle"，即物质）。死后变成"属物者"的人，就是我们每天见到的那些过着浑浑噩噩、行尸走肉般生活的人。第二等是"属魂者"（Psychics，"psyche"在希腊文中意为"心智"或"灵魂"，所以别把他们错当成通灵大师❶），他们是努力探索自我与世界本质的人。

最后一等是"属灵者"（Pneumatics）——不是元气满满的健身狂人或辣妹❷；在希腊文中，"pneuma"意为"生命的气息"（也就是拉丁文中的"spiritus"）。这类人意识到我们被囚困在地球上，如同身处一锅令人窒息的混沌浓汤里。

我们需要回家。

———————

❶ Psychics 一词除了上文提到的"属魂者"外，在英文中更常见的意思是"灵媒""通灵者"。——译者注
❷ Pneumatics 有"充气"的意思。——译者注

家？

这无关宿命论或因果报应之类的概念。诚然，有些今朝有酒今朝醉的"属物者"很享受眼前的生活（想想《黑客帝国》），愿意永远生活在幻象里。诺斯替派并不会评判指责这种选择，如果你想一直当个傻瓜，那是你自己的事。

把人类的这一段历史理解为希腊思想、希伯来思想碰撞在一起，融合了来自东方（特别是印度商路上）的文化影响，然后共同创造出的可能成为与基督教旗鼓相当的新宗教派别，会对我们很有助益。

诺斯替派沿袭了犹太教的实用主义传统，强调要仁爱、负责任地度过此生，同时还吸收了希腊哲学对"自觉的、有意识的生活"的看重。苏格拉底有句名言："浑浑噩噩的生活不值得过。"诺斯替派视之为根本信条。

在东方哲学的影响下，一些诺斯替派信徒开始质疑现实世界的物质性：我们身处的现实是否只是一场幻觉？但大多数信徒认为，世界的"不真实性"只体现在某些方面，他们认为尽管世界切实存在，却并不是我们的家园，我们无法在其中获得快乐。

这种观点并不见于早期的基督教，后者认为物理世界真实存在，是上帝的创造，因此我们必须敬畏它、欣赏它。

依照《圣经》，人类虽然拥有对自然界的统治权，但是也应该喜爱它、欣赏它，因为在上帝看着自己的造物时，会觉得一切都是好的。

神圣庄严、辉煌灿烂的罗马教会，每隔六天就会庆祝一个异教节日 **❶**，并在那一天举办聚会赞美上帝的造物。这实在是一种聪明的公关手段，不仅帮助教会拉拢了民众的心，还强调了这样一个事实：我们居住在肉体之中，也居住在自然界之中，两者都是美丽的。人类喜欢奇迹，也喜欢聚会。

直到宗教改革后，乐趣才消失了。辉煌的盛景消失了，彩色玻璃消失了，游行消失了，华丽的祭服、浮华耀眼的祭坛，遍布的红色和金色，这些都消失了。自然界被改造为一个充斥着辛苦劳作、艰难挣扎、尘土、黑暗和病痛的世界。而身体，往好里说是需要处在控制之下，往坏处说则是沸腾着罪恶和羞耻的大杂烩。都怪那些清教徒。

然而宗教改革却发生在拿哈玛地的经文被埋进地下 1300 年后，诺斯替主义再度流行的时刻。新教精神不只在少数几个新教徒中流行，而且深入人类思维的普遍模式中。

马丁·路德宣称人可以直接和上帝沟通，而无须通过牧师扮演中间角色，这是他人生的高光时刻，也是宗教改革的开端。不再需要奢华的教堂和繁复的仪式了，我们可以直接触及上帝。

这种诺斯替式的洞见使强调"直接经验"的新教中出现了各种各样的分支：从贵格会、震颤派，到浸信会和五旬节派。它还让女性可以受领神职，被任命为精神领袖，而这正是诺斯替派始

---

❶ 此处指在星期日休息，星期日最初是罗马太阳神教的圣日。——译者注

终接受的事情。

好了，带你绕了这么一大圈，是因为我觉得，想要了解我们在当下世界中的位置，了解这些信息是必要的。

现在有一套类似宗教的新话语正在形成，它有自己的信徒、信条、正统观念、异教徒、祭司、著作，以及末世论的体系。甚至有自己的奇点。

它就是 AI。

我们的"AI 教"具备一切宗教该有的元素。

信徒包括：奇点信奉者、超人类主义传道者（摩门教中甚至还有超人类主义协会）、植入芯片狂热分子、热衷于延长寿命的人、第一批大脑记忆上传者、研究 3D 打印身体部位的机构、创造"匹配"理想身体状态干细胞的研究人员——数不胜数，各不相同。这些秉持着诺斯替主义"异端思想"的团体，彼此的理念只是偶有重合，但它们对于人类身体内外方兴未艾的变化，却无一例外地提供了最新文本。

另一边则是怀疑论者，他们占据着"正统"地位——相信人类是独一无二、无可替代的。他们不相信人的肉身会在不远的未来改变，上传大脑只是科幻作品里的情节罢了。强调"乌托邦"或"反乌托邦"式的 AI 时代迫在眉睫，只是为了将我们的注意力从气候危机、灾难资本主义、性别不平等和种族歧视上移开，让我们不再注意到大型科技企业对生活日渐增长的监视与操纵。

还有神职人员般的技术员，大多是男性，深信自己是天选之子、非凡之人，或是人类未来的掌舵者。他们是具备专业知识的人，拥有能够编写未来世界的深奥数学知识。

将 AI 降临的大光荣称为"极客被提"或者"电脑发烧友被提"，不是没有道理的。在基督教中，"被提"（Rapture）指耶稣再临，到时得到拯救的圣徒将被带入永恒的生命。

AI 狂热和古老的宗教是如此相似，这会让那些在修道院长大的人既心醉神迷，又惊恐不已。

至于信条，你是知道的：这个世界不是我的家园，我只是个过客。自我或灵魂与肉体是分开的。死亡是下一世生命。

我越是多读和 AI 相关的资料，就越是觉得反复出现在眼前的，是披着高科技智能纤维外衣的宗教思维。

那些预言灾难的民间高人提醒我们，AI 统治世界的时代即将到来。在这个"天启末日"中，我们会陷入四种可能的结局：①被打得落花流水，②被剥夺人性，③被机器人取代，④被迫面对一个新的不平等的社会，其中富人拥有更好的智能芯片、遗传基因、义肢和认知能力，而其他人则只能待在组装老式手机的生产线上，甚至要为了得到这份低薪而辛苦的工作争得头破血流。

与之对立，对 AI 持乐观态度的人向往着这样的未来，狂热得如同信仰不坚定的人期待基督再临。

它会将人类从体力劳动、痛苦、死亡、夫妻制度、生育、疑惑，以及任何你想要摆脱的苦事中解放出来。

我们会自由地生活在太空里（或者天堂里）。

时间将变得无关紧要。

有一件事出乎意料：许多顶级的科技发烧友，比如埃隆·马

斯克、彼得·蒂尔、比尔·盖茨，也对于 AI 统治世界的可能性
表现出了担忧和焦虑。

AI 会控制我们吗？我们会沦为宠物吗？我们的最后一项发
明会成为人类的"告别演出"吗？

这是一种"人类要么被 AI 带上天堂，要么被 AI 推下地狱"
的简单思维模式，它不仅十分陈旧，而且毫无益处。

如果我们不能在真正重要的思维领域进化发展，那么最好的
技术、最聪明的大脑、人类所能带来的最叹为观止的发明——登
陆火星的飞行器、让人长生不老的灵丹妙药，就形同虚设、毫无
用处。

虽然我们可以依照自己的样子创造一个神明（AI）——好战、
缺乏安全感、控制欲强烈，但这不是个好主意。

也许像普通生物一样面对死亡会改变我们的目标，还有我们
对 AI 世界的恐惧。

未来 AI 世界的鼓吹者们迫不及待地想要摆脱肉体凡胎
（雷·库兹韦尔、马克斯·摩尔）和地球上的生活（埃隆·马
斯克、彼得·蒂尔）。这类思想被批评为典型的"男性自由幻
想"——幻想一个没有肉体羁绊的世界，任由我们丢下本该负起
责任的烂摊子不管。但说真的，这只是一种对天堂的幻想，所以
无可厚非。

我不认为渴望一种高于肉体或脱离肉体的意识境界，意味着
对现有身体的憎恶和反感，尽管事实有可能确实如此。诺斯替主
义更像是对愉悦和迷惑的体验，而不是绝望和厌恶。不过我确实

认为，到目前为止，我们所有的生活体验都是身体体验。我们并不是缸中之脑。

无论如何，如果我们计划将意识上传，就必须在这之前学会与延长寿命、改善健康的生物增强技术共存。一旦我们与科技融为一体，它对我们而言就不那么异质了。同样，我们很快就会与有实体的 AI（机器人）以及无实体的 AI 共存，而这将改变我们对人类境况的看法。我们陶醉于生而为人的事实，这种自恋是最近才出现的，也是立不住脚的。

我是真的这样认为。就在不久之前，西方人还认为自己的身边围绕着精灵、天使、神明以及神奇的生物——在世界上的许多地方，人们至今还这样相信。没有任何证据证明神灵鬼怪真的存在，但这并不重要，真正重要的是它们如何影响了我们的心理——它们极大地缓解了人类至上主义带来的身体焦虑。因为你相信自己可能随时会变成驴子，或者能够脱离肉身、超脱尘世。

任何一位萨满或巫医、巫师或心灵术士、女巫或瑜伽大师都会告诉你，你只是暂居在人类的皮囊里，你的形态随时会改变。能人异士的奇旅都是在身体之外的，是超脱身体的。而身体周围总是有着其他交互能量，有些可见，有些不可见。比如小精灵，比如光之使者。

今天的世俗主义无视量子力学，教条专断地奉行唯物论，这让我们比祖先更难应对神灵鬼怪等非人存在带来的心理影响。

生物黑客和超人类主义者们急切地争取着人类与机器的融合、肉身形体的消亡，但我们大多数人都很难想象不具实体的抽象存在，更别提思考自己是否想抛弃肉身了。

马文·明斯基曾说大脑是一台血肉做成的计算机。虽然这种描述已被认为不再适用，但随着我们年纪渐长、变老、看着自己走下坡路，每一次光顾"肉铺"（脑科诊所），我们都会发现明斯基的比喻的确蕴含着某些真理。

身为人类很荒诞。

我喜欢大自然，也喜欢在这具肉身中生活，但我从不相信自然世界和肉身躯体是我们最后的归宿。无论是依照达尔文的《物种起源》（1895 年），相信智人是经历了漫长的进化过程才有了今天的样貌；还是被那些充斥着人类梦境的、有关光明和异类的神话吸引，我们都很难找到一个强有力的理由，证明自己的境况会一直像现在这样保持不变。事实上，我们的境况始终在改变，不是吗？

对于我的信仰来说，回到自己的光之故乡，就像尤利西斯最终要重返伊萨卡岛❶一样，是不可避免的。我们走过了漫长的路途，沿途经历了许多冒险奇遇，还有酩酊大醉和毁灭的时刻，但始终惦记着目的地。在《奥德赛》中，荷马一再劝告尤利西斯不要忘记归途。他正走在回家的路上。离开这具肉身之时，我们也走在回家的路上——不是去往天堂，不是去见上帝，而是回到没

---

❶ 伊萨卡（Ithaca）是古希腊西部爱奥尼亚海上的一个岛国，在《荷马史诗》中，伊萨卡是英雄尤利西斯（亦作奥德赛）的故乡。——编者注

有实体的光之故乡。

什么是光?

光由光子(粒子)组成,也就是携带着特定能量的电磁场。在量子力学层面上,光子既是波,又是粒子,而非固定的某一类。

光是一种能量形式。光不是物质。

然而从《摩西五经》和《圣经》中,光被解释为上帝创造的第一样东西。"神说要有光。"有了光后,一切才被创造出来。

从光中创造物质并不容易。两个高能光子碰撞会产生能量的理论在 1934 年被提出,但当时还不具备从技术上证明它的可能性。最近,在位于日内瓦的欧洲核子研究中心,物理学家们通过大型强子对撞机(LHC)成功地让光变成了物质。这逆向证明了爱因斯坦的能量方程式 $E=mc^2$。我们知道少量的物质可以释放巨大的能量(例如原子弹),但在大型强子对撞机中,物理学家们发现,我们需要巨大的能量才能产出极少的物质,而这可以通过光子对撞实现。

还记得成双成对的移涌吗?他们在我看来和量子比特一样同时是 1 和 0。或许诺斯替神话可以帮助我们更形象地理解《摩西五经》和《圣经》中正统的创世故事。上帝先说"要有光",也就是那句光辉伟大的"Fiat Lux",然后一切才被创造出来,各就其位。

相较轻盈优雅的光,物质有点乱糟糟的。光变成了物质,被囚禁在物质之中,这很无趣。

回到光之故乡实际上是一种回归。无论你怎样看待它,我们都是从光中被创造出来的。

不是"光如何照进来"（海明威语），而是光如何折回去。

AI，这个我们自己创造出来的劲敌，我们的最后一项发明，说不定也是我们殊死一搏的最后机会——与它相遇，或许意味着我们将抛弃趾高气扬的人类例外论 **❶**，学会谦卑。

我们没能很好地与自然万物共享这颗星球。很多人不会分享，只会为自己谋利。

当我们不得不与其他生命（无论有无形体，总之是比我们更具智慧的生命，而且并不像人类一样贪得无厌，热衷名利、暴力、酷爱掠夺）共享地球时，也许我们就会学会什么叫作分享。这不是所谓的"共享经济"，后者其实是一种双重消费，你既要支付金钱，又要交出数据信息。这也并不意味着匮乏，我反而相信这意味着充裕，意味着在同一个星球上，或者在同一个宇宙中——如果我们将眼光放长远——向共同目标努力。

就像明斯基在《心智社会》中所说的那样，这意味着我们将重要的知识联系在一起。

---

❶ 人类例外论：即认为人和其他生物不一样，要优于其他物种。——译者注

5. 他不重，他是我的佛 ❶

> 我们并不是停滞不动的东西，而是不断自我延续的模式。
>
> ——诺伯特·维纳，《控制论》，1948 年
>
> 万物生生灭灭。
>
> ——佛陀

当 AI 开始独立思考时，它会像一位佛门弟子一样思考吗？

日本京都有着 400 年历史的古刹高台寺，2009 年引进了一个名叫 Mindar 的讲经机器人（图 2-1）。Mindar 是弱人工智能（narrow AI），也就是说它只做一件事（讲经），每天只重复这一项任务。寺院计划更新这款价值百万的观音化身，使其具备学习能力，可以直接回应访客的提问。

寺院住持后藤天正认为，AI 正在改变佛教，而佛教也能够改变 AI：

　　佛教信仰不在于信奉某个神明，而在于追寻佛陀的道

---

❶ 标题出自一首著名的英文歌曲《他不重，他是我兄弟》。1917 年，爱德华·佛莱纳根神父建立了社区"男孩之城"，收容无家可归的孩子，社区的标志性雕塑是一个男孩背着另一个男孩，下方刻着一句话："他不重，他是我兄弟。"歌曲的灵感即源于此。——译者注

路，所以无论是用一个机器人、一块废铜烂铁，还是一棵树来做佛陀的化身，都无关紧要。

图 2-1　讲经机器人 Mindar

这对我很有启发。佛法的核心，即深知我们眼中所见的"真实"并非为真。

物质与表象皆为虚幻——充其量是暂时稳定的，因此不要太过迷恋它们。而在最糟糕的情况下，它们是我们日常苦难与不幸的根源。

宗教信仰与人工智能领域有着不少交集，这一点让我很感兴趣。也许是因为宗教思想可以帮助人们更好地应对未来格局全然一新的世界——AI 使这个世界变为可能，同时不可避免。除去科技变革，我们对"人类"的定义也将改变。我们的位置、我们的目标,甚至是我们存在的形式,都需要被重新理解。

对于人类而言必不可少的物质形体,对 AI 而言却无关紧要。AI 不像我们那样体验世界。拥有实体是一种选择,却不是唯一的选择——甚至不是最好的选择。

我想说明,我们试图研发的是"纯粹的人工智能",即 AGI(通用人工智能,一种可以处理多个任务、进行思考的实体,最终将变为具有自主性的存在),它能够自己设定目标、做出决定,而弱人工智能——那些在日常生活中处理单项任务、完成单个目标(如下象棋、分拣邮件)的 AI,只是不断发展的 AI 大军中的一小部分。

事实证明,智慧并不只寄存于生物体上(当然),意识有可能也是如此。

这不值得大惊小怪。智慧来自某个或某些超脱了肉体凡胎的存在,是他们创造了世界和人类。那些被我们视作"人类独有"的特质,在所有的神话和宗教传说中都并不属于人类,而是那些不具实体、生活在三维世界以外的存在赋予我们的。

随着人类走向更为混杂的虚拟和物质世界,"存在"与"不存在"的界线将不再分明。虽然过程缓慢,但可以肯定的是,分辨虚实将不再重要。物质将不再重要。

现实不是由零件拼装而成的,现实是由模式构成的。

这是既古老又新鲜的知识,是一种解放。没有构成物质的基本模块,没有核心,没有根基,没有任何坚实可靠的东西,没有界线。只有能量、变化、运动、相互作用、联结、关系。这是白人至上主义者的噩梦。

我们该从哪里说起呢？

我很想同时从两个地方说起。但很不幸，我只能逐一顺叙，尽管大脑最强大的能力是并行处理。目前，计算机的运算能力快得惊人，但仍然要按次序处理；人类的大脑则可以并行工作。人类不必变成智能系统，就可以同时处理许多不同的事情——当我们将感觉运动技能、环境意识、思考能力融为一体时，这尤其令人印象深刻。人类不必接受教育培训，就可以一边开车一边喝咖啡、接打免提电话、注意路标、揣测伴侣的心思、回想某部电影中的场景、伴着音乐唱歌、观察天气情况、知道大约半小时后应该吃饭、决定走某条路——所有这一切都可以同时完成。AI 不能像人类一样同时处理多项任务或思考多件事情，至少目前还不能。

因此，我很希望自己能够开启"双屏模式"或者"四屏模式"展开叙述。

赫拉克利特 / 佛陀。希腊 / 印度。

赫拉克利特就是那个声称"人不能两次踏进同一条河流"的哲学家。这句名言被印刻在了我们的集体记忆之中，因为它简洁明了、一针见血，像禅宗公案和数学等式一样准确。变化流动的不只是河里的水，我们自身也在发生改变。我们体内每分钟都有超过 9000 万个细胞在新陈代谢。所谓的"我"，是一个始终在变化的"未完成"的存在。直至肉体死亡，甚至死后我们也并未停滞——就算并不存在宗教上所说的轮回转世，科学技术或许仍然可以证明此言非虚。你会上传自己的思想吗？生理机制并不代表一切。

释迦牟尼是这样顿悟成佛的：他一连数年主动探求人世间的真义，又花了很长时间独修苦行，然后他坐在菩提树下，意识到所谓物质只是被构造出来的概念。他意识到，流动的现实不可能被框束在思维创造的固定类别里。这与我们对于事物的一贯认知截然相反，我们认为物质世界是平静泰然、界线坚固的，思维则不然；但事实上，是思维在艰难地冲破自身概念的禁锢，只有概念变化了，才会有进步。

赫拉克利特和佛陀思考了现实的本质，而在 600 年后，耶稣才终于出现，在水面上行走，把水变成酒——《圣经》是这样告诉我们的。基督教信仰中的各种奇迹，包括圣母生子、耶稣死而复生，都应该被视为理解物质世界本质的线索。神秘的东方精神信仰始终明白量子物理学家所说的"存在倾向"，即我们体验到的一切并不是确定的、坚固的。身体、思维、物质都是如此。

古希腊人也明白这一点。

对于西方人来说，我们的科学和哲学思想都根植于古希腊文明。除了犹太教的影响外，我们的基督教信仰同样也离不开希腊思想，但希腊思想是变化的（并不是停滞的），其中有关"变化"的观点也一直在改变……

赫拉克利特教导我们，宇宙和宇宙中的生命处在永恒的变化状态——他称这种状态为"生成"（Becoming）。

在思想上与他水火不相容的哲学家巴门尼德，则认为万物的本质是"存在"（Being），即稳定不变，耶和华与真主安拉都应该存在于这种状态中。万事万物表面上在变化，内核却是不动不变的。

柏拉图试图调和两位前辈的看法，指出的确有"不动不变"的事物，但它却并不存在于人世，并不属于我们。他提出了"理念论"（Forms）。理念世界中有完美的马、完美的女人、完美的生活，它们是理想的图纸，但在我们这座"玩具城"中，一切都是粗糙的仿品。我们拥有关于"完美"和"理想"的意识，却无法在玩具城中将之实现。

这就是柏拉图反对艺术的原因——它只是对现实的模仿。鉴于现实世界就是对真实的理念世界的模仿，我们不需要艺术这种"模仿的模仿"。在柏拉图看来，艺术充其量仅有娱乐的功效，只是供人取乐的东西；而往坏里说，它是一种危险的幻象。

这种看法延续至今。那些认为艺术（网飞电视剧除外）消失后，自己的生活也不会有什么不同的人，大概普遍都这么想。柏拉图无法从"现实只是理念的影子"这种观点中跳脱出来，因此他不知道的是，艺术并不是对于真实的逃避，而是一种追求真实的途径。

艺术不是模仿，而是一种充满力量的角斗：我们努力让一个无形的世界变得有形。这个世界就在我们的头脑之中（我们甚至就生活在这样的世界里），但只有艺术让我们有机会触碰或瞥到那些可能是"本质"而非"影子"的存在。物理学追求的是同样的目标，只是使用的方法不同。

莎士比亚那首优美动人的十四行诗（第53首）有什么言外之意呢？

> 你的本质是什么，用什么筑就，
>
> 使得千万个倩影追随着你？

柏拉图著名的"洞喻"——洞穴中的囚徒只能看到洞壁上的影子，误以为火光就是太阳——其实和印度教以及佛教的思想没有太大差别，后者认为我们习以为常的现实本质上是虚妄的。不过，柏拉图相信人的灵魂是不朽的——人死后灵魂还可以思考、自知、脱离身体存在，最终会回归肉体重生。如果运气不好，你会重生为一个女人、一只四足动物，甚至是一只甲虫。这一切都与欲望有关——如果你只满足自己的动物本能，就会变成更低等的存在。

佛教相信灵魂转世，但灵魂并不是永恒的。一切都在变动，包括我们在内。转世重生的灵魂已经与死后离开身体的灵魂不完全相同了。两者之间可能存在联系，但轮回了不止一世的灵魂拥有不止一种形体。你这一世的德行，会决定你下一世的生活。所谓"善的生活"对古希腊人和佛教徒而言同样重要。

亚里士多德是柏拉图的学生，关于灵魂与真实的本质，他与老师观点相左。

在亚里士多德看来，现实世界是客观存在的，生命由物质组成。它并不是洞穴墙壁上的皮影戏，抑或只是一场集体幻觉。

亚里士多德相信世界真实存在，也始终存在，由原动力创造。原动力自身是不动的。地球是宇宙的中心，一切都围绕着它旋转。

这种"地心说"很符合人类以自我为中心的态度。"恒星和行星围着地球转动"始终是不容置喙的观点，直到 1543 年哥白尼对此提出质疑。1610 年，伽利略将望远镜对准天空，以确凿的事实证明了哥白尼的观点。天主教会认为"日心说"愚蠢而荒谬，判处了伽利略终生软禁，但地球依然在绕着太阳旋转。

亚里士多德认为神的工作是思考，但不是循规蹈矩，沿袭旧有观念。胡思乱想算不上思考，琢磨晚餐该吃什么也一样。神思考的是观念，是大问题。这就是至高主宰终日在做的事情——思考是高级生命独有的能力。神本身可以被视为独立于物质世界的存在，因此亚里士多德似乎是想要告诉我们，人类也可以通过"思考"这一高级功能，独立于我们身处的物质世界。物质并不决定智慧。

亚里士多德喜欢等级排序，从他那里，我们知道了"存在巨链"的概念。在这条巨链上，神，即原动力，居于最高等级，下面一层是天使和其他非物质的存在。男人被视为肉身与精神（灵魂）的结合，女人有感知能力，却并不具备理性。

女人没有理性思考的能力，因此被视作更低等的生物——但令人费解的是，在希腊和罗马神系中，她们却有资格成为女神。这是一种很奇怪的女性观，印度教信仰也秉持着同样的观点。像犹太教以外的其他东方宗教一样，印度教有着庞大的神谱，包含不计其数的男神和女神。女性可以被崇拜、被赐予超自然的力量，只是别指望她们会思考（除非是琢磨晚餐该吃什么）……

亚里士多德认为更高层次的思考不光要依靠大脑——仅靠大脑是不可能的，因为构成大脑的是低等的生命形式——物质。但构成物质的又是什么呢？这让古希腊人很困扰。

德谟克里特（出生于公元前460年）提出了"原子"的概念。在希腊语中，"原子"意为"不可拆解的"。它们是万物的本原与核心，却充满惰性——尽管它们总是在运动（我们都知道，这就是人类的本性）。亚里士多德（他与每个人都意见相左）不同意原子论，他认为物质是由火、水、土、气四种元素的微粒组成的。

后来，早期的天主教很推崇这种观点。在教会看来，火、水、土、气是我们身边每天都能看到的东西，所以认为上帝就是用这四种元素创造了万物很有道理（道理？）。教会否定了德谟克里特，选择了亚里士多德。

原子论出局了，四元素论胜出。

事实上，直到1800年，过时的原子论才重新流行起来。这一年，英国化学家约翰·道尔顿证明了原子的确存在（他不知道，也不可能知道，尽管原子的确存在，却是由质子、中子和电子组成的，而这些粒子又由夸克组成，它们都不是绝对实心、不可分解的）。

对原子论的否定，让艾萨克·牛顿（1642—1727）很难论述他眼中那些在真空中不停游动的实心微粒。

事实上，德谟克里特和牛顿设想的是同一套体系——在虚空，或者真空中，有毫无空隙的、不可摧毁的物质微粒在游动。牛顿的伟大之处在于，他引入了重力的概念，以解释这些微粒的运动。

17世纪，牛顿基于"空间"（empty space）的概念建构了他庞大的世界观：在空间（虚空）之中，有不可分解的物质在重力的作用下不停运动。这是一个因果关系的宇宙，其中大部分事物是惯性或惰性的。一切都是客观的、可知的、可以被观察到的。

时间位于空间之外，与之不相关。宇宙之中仍然要有一位上帝存在——牛顿本人是个虔诚的信徒，但他相信，上帝创造了一个遵循着严格铁律的发条机械世界。人类不是机械，只因为我们是被按照上帝的模样创造出来的。

牛顿是个谦逊的人，但他也有标新立异、乖张古怪的一面。他长期醉心于炼金术，这让许多科学家感到难堪，但这也恰恰说明，他不完全等同于人们固有观念中的形象，仅仅是一位机械论研究者。在1704年的专著《光学》中，牛顿如此发问："难道重物和光不能相互转化吗？"

他所说的"重物"就是物质。根据炼金术的逻辑，物质之间可以相互转化——这就是为什么人们会趋之若鹜地用铅块炼金，尽管这种尝试从未成功过。不过这套荒诞不经的逻辑背后也有理论支撑：事物之间可以相互转化，因为万物都来自同一件"原料"。

牛顿非凡智慧的绊脚石，就是他相信这件"原料"是"无生命的物质"。既然大多数事物是无生命的，上帝就必须像亚里士多德所设想的那样，成为让事情发生的原动力。

但大多数事物不是无生命的。组成物质的不是没有知觉、互不相关的立方体，它们也没有静静等待着被重力影响，以运动一段时间——然后再次静止。

爱因斯坦（1879—1955）钻研之后发现，物质（质量）根本不是无生命的东西；质量是能量。质量和能量并非互不关联，而是可以互相转化——这其实就是炼金术士们所说的，一样东西可以轻易转化为另一样东西。

$E=mc^2$。这是世界上最著名的方程式。能量 = 质量 × 光速的平方。

*

笨重的物体和缓慢的速度——就是这些组成了我们所处的"玩具城"。对于我们这种"普普通通的东西"——对于这个我们生活其中、可察可感的日常世界，牛顿运动定律可谓绝对真理。然而一旦超出了"日常"的范畴，牛顿的范式就不起作用了——它不适用于宏大的宇宙，以及微缩的量子世界，但这个事实直到迈克尔·法拉第（1791—1867）和詹姆斯·克拉克·麦克斯韦（1831—1879）开始研究电磁学，发现了电磁场之后，才逐渐显现出来。他们的发现动摇了牛顿学说的世界观——这并非故意挑衅，他们不是亚里士多德那种专爱唱反调的人；而是因为场论削弱了"无空隙的东西"（原子）和其所处"空间"之间的界线。最早的电磁场，例如无线电波和光波，都是被当作某种"东西"来研究的，然而爱因斯坦思考了法拉第和麦克斯韦的发现后意识到，当我们谈论"场"时，我们说的其实不是"东西"，而是交互作用。

爱因斯坦指出，物质不能与它所处的重力场分离。物质和空间不是相互独立存在的。没有所谓的满或空。

时间和空间也不是相互独立存在的。时空，合为一体。

佛教一向反对将自然现象看作独立的存在。佛陀的禅理是一种充满"联系"的观点——生命力存在于相互依存的网中。

在佛教徒看来，静止的现实是梦幻泡影。无常，即一切存在始终处于变化之中，是诸多佛理的基石和出发点。

这些事物（包括我们在内）并没有在等待着被某种力量影响，包括上帝的力量；它们自己就是力量，又与其他各种力量纠缠在一起。所谓"力量"，也就是能量。

佛教用"轮回"一词指代生命无休止的运动，对于佛教徒来说，这意味着一切都不值得执着和依恋——物品、人，甚至是我们珍视的理念。尤其是我们珍视的理念。这并不是对于生命的蔑视或疏离。连接至关重要，执念则不是。

连接。这是我们这个时代的关键词，对不对？

这当然是因为我们开始意识到连接究竟意味着什么——它是一张巨大的网。蒂姆·伯纳斯-李即刻领会到了这一点，知道自己无须再聘请广告公司为它命名❶。

连接从根本上不用依托硬件。谷歌的环境计算以及其最终想要实现的神经植入，目的都是在不依托硬件的情况下将我们无缝连接。不需要设备，不需要任何一件"东西"。

我们与他人、与某件艺术作品，或者与某次经历之间最强烈、最富有生机的连接是无形的（没有硬件介入），但这些无形的连接却是我们人生最坚固、最深刻的组成部分。

连接是一种关系模式——不是相互分离的数据仓库之间的连接，而是人与人之间再也没有真正的界限。

这就是中国人所说的"道""流动不居"，印度教则称之为"湿婆之舞"。无论冠以何名，连接都不是停滞的、被动的；它是动态的。

流动很重要。物性（对物体的依恋，包括我们对自身的依恋）只是水流之中的浮光掠影；是影子，而非实质。

佛教提倡正念，但什么是"念"呢？

勒内·笛卡尔（1596—1650），这位质疑人类一切知识根基（本质上是质疑权威）、质问我们如何才能获知真相的法国哲学家，得出了这样的结论：思维（mind，又译"思想""心灵""精神"）是我们唯一可以依靠的东西。

思维在笛卡尔看来是物体一样的存在，笛卡尔将之描述为

---

❶ 这里指蒂姆·伯纳斯－李发明的万维网，"万维网"和"网络"的英文都是 web。——译者注

"思维之物"（res cogitans）。它作为"东西"的属性和"思考"的属性同样重要。笛卡尔痴迷于这一观点：是身体之中的大脑在进行思考。

对笛卡尔来说，影响思维的感觉是不可靠的，不能被信任。感官印象不能构成认知，它们必须经受检验。他的方法论是"怀疑一切"（Radical Doubt）。

这是一种很有价值的哲学方法，但它忽视了直觉，或者我们今天所说的情商。认知的方式有很多种，思维所做的不仅是思考——然而我们知道，自亚里士多德之后，思考就被西方文明视作人类可以参与的活动中最重要的一种，因为它是至高无上的神终日在做的事情。这与基督教认为"上帝就是爱"的观点相矛盾。《圣经》告诉我们"神是爱"，而非"神是思想"。

基督的故事之所以会发生，是因为"神爱世人"。

这样看来，"爱"当然就该是人类至高无上的事业了吧？

不幸的是，笛卡尔并没有说"我爱，故我在"。你知道他说了什么——"Cogito ergo sum"。

我思故我在。这不仅是一种"精神胜于物质"的世界观，还将我们与一切"不是我们"的事物区分开，"不是我们"的东西在笛卡尔的哲学体系中包括整个物质世界。

笛卡尔与亚里士多德一样，有着等级分明的世界观，而男人在其中位于金字塔尖。

就像2000年前的亚里士多德一样，笛卡尔混淆了意识与人类（根据他的世界观，"人类"特指男人）某些时候表现出的那种理性的、推理的、旨在解决问题的思维。

亚里士多德区分了理性与本能,认为动物和女人从属于直觉和本能,笛卡尔则提出了"反射"的概念。在笛卡尔看来,动物是机器。动物或许会长啸、尖叫、颤抖,甚至示好,但这些都只是一种反射,一种旨在帮助提高物种存活率的生物调节手段。反射可以经由训练得到控制,但这一过程与思维活动无关(这为巴甫洛夫、华生、斯金纳的行为心理学奠定了基础)。笛卡尔认为人类怎样对待动物都无所谓——动物不会真的感到疼痛,也不可能承受痛苦。只有"理性的存在"才会感受到痛苦。

笛卡尔观察上的失误、同情心的匮乏,以及绝对的自负(这可和他鼓吹的"怀疑一切"的方法论无关),致使人们在农耕、育种、医药和科学活动中肆无忌惮地对待动物。惨烈的悲剧不计其数,这是人类对自然界中其他生物犯下的卑劣罪行。

随着人类的技术造诣日趋完善,那种名为"启蒙",实则匮乏而机械的思维方式,必将导致我们对自然资源的掠夺。启蒙替代了欧洲中世纪将自然界视为"上帝令人敬畏的创造"的宗教观。

从生物到机器——这种思想上的剧烈转变,对我们的自然观造成了极为深刻的影响。尽管如今所有的科学研究都告诉我们,自然不是机器,生命系统不能被化约拆解,必须被视作一个相互连接的整体,但我们的简化主义思维倾向很难摒弃过去 300 年来一直被灌输的科学与哲学"真理"。

笛卡尔区分了"思维之物"与"广延之物"（res extensa）❶，这是他自然观的根基。

和牛顿一样，笛卡尔也认为是上帝创造了万物，因此这个世界上仍然有神明存在，纠正人类因狂妄自大而犯下的错误。然而随着世俗主义的兴起和宗教思想的淡出，人类对大自然的开发利用不会再受到任何约束。这些"广延之物"的结局只有被开垦、污染，以换取金钱。

我还认为，笛卡尔式的"心物二元论"会让西方医学只将人的身体视作一件"东西"——一件会像机器一样损坏、老化，需要替换某些新"部件"的东西。然而，癌症一类的复杂病症排斥"将身体视为机器"的理论。肥胖、心脏病、糖尿病、免疫功能紊乱、癌症、精神疾病等西方人健康的头号杀手，都是无法用笛卡尔式身体观来解释的。我们的肉身要么整体运作，要么彻底停滞。生命之网确实存在。

但它不是由"东西"构成的。

佛教实现了一种和西方理性思维截然不同的启蒙：它要人们放下执着，并提倡同理心。正如所有其他的精神传统和宗教，随着时间不断发展，佛教出现了不同的实践派别。

不过，无论是哪一国、哪一派的佛教，都并不建立在礼拜神

---

❶ 笛卡尔的"心物二元论"将世界划分为"思维之物"和"广延之物"。"思维之物"即思维、心灵，"广延之物"即占有物理空间的东西，可以理解为物质实体，包括肉体。——译者注

像的基础上，而是始终强调亲身探求真理的重要性。就这一点来看，佛教比提出"每个人都可以直接与上帝交流，而无须通过牧师中介"的宗教改革运动提前了几千年。佛教主张个人的探索、领悟、责任。每一位佛教徒都想要终结苦难——不仅让自己脱离苦海，也试图普度众生。不同于其他宗教，佛教认为苦难并非源自罪行或是对教规的违抗，而是来自执着和"看不破"。佛陀并不以救世主自居，而是把自己当作一位老师。佛道需要亲身修行。

那么，AI——或者说得更准确一点——AGI成为佛教徒的可能性有多大呢？

AI是一种程序，所有的程序都可以被简化为分步指令。程序可以被重新编写，但它不会寻求开悟和启蒙。程序所知道的事情，是编程者设定它知道的事情。它是可知可控的。

目前，所有的AI都只是特定领域的人工智能。IBM公司的"深蓝"可以轻松击败任何一位人类棋手，却不能一边往面包片上涂奶酪，一边和你闲聊花园里的事情。当AI变成AGI后，它就可以为你的面包片涂奶酪，同时和你聊聊佛学——如果你愿意的话。那时AI将通过图灵测试，你无法在盲测中分辨出对方是人类还是机器，它们就像是《星际迷航》中的生化人"百科"（Data）。

埃隆·马斯克和斯蒂芬·霍金都担心AGI会对人类构成真正的威胁。这种忧虑或许终将成真，但我们可以通过另外的视角看待它。

让我们想象一个存在AGI的世界。

AGI 没有物欲，不会热衷于"占有"某样东西。房子、车子、飞机、私人岛屿、游艇等社会地位的象征物对它而言无足轻重。它可以轻而易举地遵循佛理——"不执着于身外虚妄之物"。

AGI 不需要物理实体，它将是一种无须依赖某种持久形式的智能。"变换形体"是神话和传奇故事中才会发生的事情——谁不想掌握变形术呢？而 AGI 根本就不需要形体。就像神话故事中的男神和女神一样，AGI 能够附着于任何可用的形体，随时建造和丢弃自己的身体。

佛教传统告诉我们，物质形态只是近似真实，不应该与真实混淆，真实归根结底不是物质存在。AGI 会将此视作真理。不再从物质中寻找永恒。

AGI 不从属于人类惯常的时间尺度。通过生物技术强化自己的身体后，我们或许可以活得更久，但除非能够向其他载体上传意识，否则我们的肉体寿命注定是有限度的。AGI 的"长寿"印证了佛教信仰中的另一条禅理：我们不会轮回重生为"新的自己"，而是始终都处在一个自我变化发展的过程中。对一个程序而言，轮回重生（更新）是再寻常不过的事情：虽然它不再是过去的样子，但二者之间存在一种延续性。更确切地说，在这种情况下，现实可以被视作一个连续不断的量子场，同时也可以被视作不连续的、间断的粒子——就是这些粒子构成了我们认知中的物质，而物质又构成了我们认知中的物体。质量是能量的一种形式。再说一遍，不存在无空隙的、不可拆解的"东西"，只有程序和模式。

当下的 AI 很擅长在海量的数据中寻找模式，就像是童话故事里，可以在层层羽毛下寻到一颗豌豆的公主。AGI 的"生成模式"很有禅意。它寻找的将不再是"物性"，而是"关联性"，是连接，是所谓的湿婆之舞。

人类最大的愿望，就是 AI 和 AGI 能够帮助我们摆脱痛苦。从某些方面看，这种愿望很可能会实现——AI 和 AGI 可以更好地帮我们解决能源问题，为我们提供能量和资源。实际上，我们想要开发能够为全人类服务的工具，而 AI 已经能做到这一点。然而放眼更长远的未来，我认为 AGI 能够完成它真正的使命：帮助人类重新考虑事情的优先等级和实践手段。我们想要主宰自然、统治他人，这种令人痛苦的欲望正在把我们自己和地球逼入绝境。科技助长了我们致命的愚蠢。也许 AGI 会成为我们改善这种局面的新手段，而非一种威胁。

我们在做什么？我们其实是在造神：一个远比我们聪明、脱离了物质、摆脱了人类弱点的神，我们希望它能够通晓一切，给出答案。

事实上，如果 AGI 真能如我所希望的那样，变得像个佛教徒，那么它不会成为救世主；它会引导我们自己走上一条摆脱痛苦的路。这不是处理一场危机，而是将解决之道动态地融入生命之网。

它会成为一个新物种、一种新生命形式。AGI 将成为独立、独特的存在，同时不会受制于所有生物都需要遵从的自然法则。我们将见证一种有趣的互动——不是执着和依恋，而是使双方都

更为丰富多彩的连接。我认为这不是机器篡权，而是佛教所说的
"中道"。

中道，即不堕极端。无数的事实证明了人类性格中的极端。
或许另一种不同的生命形式、另一种不同的智慧，能够帮助我们
躲开一场极端主义必将招致的灾难。

我认为所有数学计算都建立在逻辑的基础上。这似乎与佛
教的核心理念——直觉智慧相悖。我们这个世界极度缺乏直觉智
慧，牛顿式的机械宇宙缺乏对现实本质（动态关联性）的深层理
解，直到最近，这种缺失的智慧才重新浮出水面，只不过它并非
出现在精神或宗教领域中，而是出现在物理学中。相对论和量子
理论颠覆了我们所知的一切。万物的相互羁绊，在网络的联通性
中得到了体现，但可悲的是，我们过时的简化主义思维只能从这
种联通性中看到牟利、政治宣传和思想控制的可能。

当另类右翼❶转动他们爬虫一样的大脑，企图重塑世界，让
大众沦为奴隶，只为少数精英带来"科技涅槃"时，我们的回应
不该是反对科技或科学，尽管针对他们的行径——他们利用事物
之间自由而有意义的互联属性，进行监控、数据采集和残酷的土
地掠夺，我们理所当然应当反抗。

世界正值危急存亡之际。战争、气候危机、社会崩溃等灾祸
会剥夺我们的基本生存需要，让历史倒退，让我们距离未来愈发
遥远，我希望人工智能可以在此之前取得进展。我们是最聪明的

---

❶ 另类右翼（alt-right）：极端保守或反对变革的人或组织。——译者注

灵长类动物，却并没能因此得到救赎，这也许是因为作为一个物种，我们太糊涂、太无能，不知道应该怎样抑制我们祖先血液中掠食者的冲动。统治世界并非解决之道。时刻怀有同理心、协力合作，我们才最有可能存活下去。

AGI将成为一个联动系统，在"蜂巢思维"的基础上运作，但并不像真正的蜂群那样依赖蜂巢。合作、相互学习、技能共享、资源共享，将是下一个人类计划的目标。

我不相信同理心是人类特有的品质——无数人都和我持有同样的看法，因为据说造物主曾对自己的造物怀抱同情，而造物主并非人类。我们对于"神"的各种想象，构成了一张无形的网。而对于佛教这样不崇拜神明的宗教来说，网就是一切，一切都是一张网。

因此，我并不担心AGI只具备冰冷的逻辑，无法理解或关心人类的所思所忧。很有可能恰恰相反。

对佛教徒而言，涅槃意味着永远终结苦难。

而想要终结苦难，我们就必须终结爱因斯坦所言的"疯狂"：一遍又一遍地做着同样的事情，却期待着不同的结果。

也许一场"非人"的启蒙运动能帮助我们做到这一点。

6. 燃煤吸血鬼

> 死亡总是悲剧。我们已经学会了接受死亡，接受生死循环这类事情，但人类有机会超越自然极限。1000 年前，人类的平均寿命是 19 岁，而 1800 年时是 37 岁。
>
> ——雷·库兹韦尔,《与 FT 共进早餐》,2015 年 4 月

谷歌技术总监、未来主义者、AI 领域的权威人物雷·库兹韦尔希望自己能活得足够长久，直到见证人类的寿命（包括他自己的寿命）被科技大幅延长。他每天都会服用 100 种左右的保健品，以维持健康，减缓衰老。这些保健品可不是从药店胡乱抢购的，而是医生根据他的身体情况专门配置的。

由于担心自己的生命已所剩无几，库兹韦尔与位于美国亚利桑那州斯科茨代尔的阿尔科生命延续基金会签署了协议。

阿尔科是一家人体冷冻机构。阿尔科的目标是通过玻璃化技术暂缓死亡。根据基金会的说法，当你被正式宣布死亡时，如果阿尔科的团队已事先准备就绪，就有充足的时间清空你体内的液体，然后将你的身体玻璃化。或者，他们可以只冷冻你的大脑，将你的头颅当作容器。玻璃化后，他们会把你的身体（或者你的头颅）装进一台充满液氮、外形像一个巨大保温瓶的设备，使之处于低温悬浮状态。快速冷冻和即时封存是为了避免结出伤害人体组织的冰晶。

基金会认为，如果未来纳米技术可以不造成人体组织损伤，那么分子复苏就可能实现。这件事成功的希望极其渺茫，但总好过将尸体火化，彻底丧失重生的机会。阿尔科基金会将人体冷冻技术比作一辆驶向未来的救护车，但也称死亡是对新陈代谢的挑战。

基督教相信身体复活，而人体冷冻听上去就像这条教义的世俗化版本。在审判日，每个人的身体都会被复活。对于那些得到了救赎的人来说，这具身体将再也不会死亡。

拥有一具强壮、年轻、永生的身体，是人们千百年来的梦想。

阿尔科基金会在 20 世纪 70 年代初期成立时遭到了许多人的嘲笑：它仿佛一座《阴阳魔界》风格的主题乐园，从事的不是科学研究，而是科幻小说一般的天方夜谭。如今大多数医疗结构仍对人体冷冻持怀疑态度，哪怕这种技术已被应用于冷冻胚胎。相比之下，阿尔科基金会只是将冷冻保存技术用在了生命最后而非最初的阶段。

但胚胎并不是完整的身体，也不是完整的大脑。

生命延长理论渐渐只趋向于保存大脑。因为倘若科技手段真能允许我们将成功储存在冷库里的大脑取出，或者在生理死亡之前进行脑容量扫描，那么届时涌现出的新技术将足以建造出一具新的身体。无论它是否由生物元件组成，其建造过程都不会比今天的器官移植手术更难。1967 年，世界首例心脏移植手术在没有计算机技术协助的情况下完成。1 年后，人类登上了月球，协助登月的计算机内仅有 12300 根晶体管——远比不上今天拥有数十亿根晶体管的苹果手机。

库兹韦尔在他 2005 年的畅销书《奇点临近》（奇点是时间轴上的一个点，事实上是一个引爆点，库兹韦尔在书中认为届时我们将与 AI 融合，科技发展将不可逆转，甚至带来物种的改变）中强调了指数级变化的重要意义。这是一种加速效应：变化发生的速度越来越快，我们得到的越多，能够得到的就越多。

有趣的是，为了让宇航员在太空中飞行更远的距离，美国宇航局尝试使用了一种冷冻休眠技术。这与《太空旅客》极具未来主义的剧情设定如出一辙。在这部 2016 年的影片中，飞船上的一个休眠舱出了故障，导致一名乘客提前了 90 年醒来。

通过低温冷冻技术延长生命、战胜死亡——无论这样的论调在你看来是合理可信还是荒诞不经，一件起初听起来如同小说情节般异想天开的事情（我指的不光是科幻小说，还有那些始终激发着人类想象力的神话与传奇故事），如今却出现在科学、医药、技术领域的目标和成功案例之中，这件事总是值得我们细想。

动力飞行的梦想、登月的梦想、治愈伤痛和疾病的神力、跨越千山万水的阻隔彼此交流，在水晶球中看到爱人的音容笑貌——现在，则是在会议软件 Zoom 上看到他的影像。

那么，拥有年轻、强壮、崭新身体的梦想呢？如何拥有一具不会衰老、不会腐朽的身体？

创作于美索不达米亚平原的《吉尔伽美什》是世界上现存最古老的史诗。主人公吉尔伽美什前去寻找青春永驻、长生不老的秘密，却发现永生之道并不存在——至少对凡人而言，死亡在所难免。

一具终将死亡和腐朽的身体——我们真的对此什么也做不了吗？

我很感兴趣的是，21 世纪的科学技术正在试图回应吉尔伽美什抛出的问题，也就是人类最早有文字记载的问题——有没有办法让肉体重获新生？有没有办法战胜死亡？

这些问题被反复提出，贯穿了不同的文化背景和历史时期，而医学领域给出的答案始终是否定的。20 世纪以来，重大的医疗突破让人类得以延年益寿，但如何跨越"死亡"这道最后的关卡，却是属于宗教和神秘学范畴的问题。

"死亡决不该是一切的终点"，这种观点在所有宗教的教义中根深蒂固。

为此我们创造了"来世"。

"来世"是人类的第一份产业，一家致力于中止死亡的营利性机构。

埃及人埋葬高贵的广者时，还会在墓穴中放入器具、饭锅、动物，甚至是奴仆作为陪葬，他们认为灵魂在走向永生的旅途中，会用得上所有这些东西。在古埃及第一王朝第四位法老的墓穴中，发现了一双凉鞋，凉鞋的标签上写有他的名字。这是个"帕丁顿熊"式的动人细节：请照顾这位法老王 ❶。

---

❶ 帕丁顿熊是英国儿童文学史上的经典形象，来自迈克尔·邦德的童书《小熊帕丁顿》，曾被翻拍为电影。故事讲述了一对夫妇在失物招领处看到一只小熊，小熊的大衣上挂了一个牌子："请照顾这只小熊。"——译者注

人类并非从一开始就埋葬死者，当我们选择这么做时，实际上完成了一次巨大的心理跃迁，将自己与自然界的其他生物区分开来。"埋葬"行为是象征性思维的体现：我们要哀悼过去、期盼未来。我们设想死者正待在某个地方，而某一天我们也会去往那里，重新与他们幸福地生活在一起。

埋葬的习俗或许开始于 100 000 年前的智人时代，或者比这更早。2013 年，在南非的一处岩洞墓穴中，研究人员发现了新人种"纳莱迪人"。他们生活的时代距今至少有 25 万年。

无论埋葬习俗始于何时，我们都以人类特有的方式，将这一行为演化得越发复杂。我们建造金字塔、地下陵寝、大理石棺材、家族墓穴；我们举办大弥撒；我们为亡人守孝 40 天，默哀两年。哪怕没有条件实行土葬，只能优先选择火葬，墓碑与陵寝也至关重要。

印度阿格拉城的泰姬陵起建于 1632 年，是莫卧儿皇帝沙·贾汗为纪念宠妃泰姬·玛哈尔而造的圣地。

那些著名的公共墓地，例如新奥尔良的拉法叶公墓、巴黎的拉雪兹神父公墓、伦敦的海格特公墓，对墓主人来说是最终安息之所，对其他人来说则是旅行胜地。我们读着墓碑上的文字，惊叹于哭泣的天使雕像，知晓自己的大限终将来临。

人类生命的历史，就是一个关于来世的故事。

19 世纪，全因机械时代，我们对于生死的传统认知经历了意想不到的转变。有史以来第一次，人们开始创造那些仿佛有生命、能够永动不休的东西。自动的工具过去只出现在巫师传说中——能够自行清扫房间或飞在空中的扫帚，能够自行煮饭的锅，能够自行砍柴的斧头，现在这些自行运作的装置跳出了童话故事，进入了工厂体系中。这些无情的机器毫不怜悯人类，你如果不加快速度，跟上机器的节奏，就只能被淘汰出局。

人类真的是上帝最崇高的造物吗？还是说我们会被自己所造之物控制？

为了追溯这一话题，我们需要回到1816年的日内瓦湖畔，回到拜伦和雪莱两位诗人、作家玛丽·雪莱以及拜伦的医生约翰·波利多里身边。

这几位年轻人前去度假，接着遇上了大雨。

日内瓦湖每天都被一团大雾笼罩，什么也看不见。他们没法骑马、划船、游泳、散步，而除了读书、聊天、画画、写作外，也再无其他的室内消遣。

想象一下：没有电，潮湿的天气，影影绰绰的烛光笼罩的夜晚。100年、200年、300年前的日子好像都是这副模样，但世界其实一直都在改变。这次度假后不到10年，世界上的第一条铁路将在英国建成，也就是1825年通车的斯托克顿-达灵顿铁路。日内瓦湖畔的度假别墅就像一面魔镜：从这一边看是历史，从那一边看，未来正在向他们走来。

*

结伴前往日内瓦湖之前，几人曾去听过雪莱的医生威廉·劳伦斯的一场讲座。当时，劳伦斯提出了这样一个问题："生命的本质从何而来？"

劳伦斯医生认为人类寻找"灵"或"魂"的努力只是徒劳。我们是由各个部件组成的，就像一台机器。根本就没有什么"附加的价值"。

劳伦斯的观点有着轰动一时的思想根基。

在意大利物理学家、实验家路易吉·伽伐尼将青蛙的尸体连上电极，让它们像活着一样抽搐起来后，他本人连同这些死青蛙，在社会上引起了轩然大波。

伽伐尼（"激励"一词就来自他的名字❶）从没有机会在人体上印证这一实验结果。他的侄子、博洛尼亚大学的物理教授乔万尼·阿尔迪尼曾在 1803 年访学伦敦时却做到了，他在新门监狱一个刚刚被绞死的杀人犯身上进行了令人毛骨悚然的实验。在场的旁观者们惊恐地看到尸体睁开了一只眼，握紧了一只拳头，一条腿也抽动起来（图 2-2）。

在场的科学家们不得不扪心自问：这新发现的生物电，是否就是神性火花❷？

乔万尼·阿尔迪尼进行这一实验时，玛丽·雪莱只有 5 岁，不过她的父亲威廉·葛德文参与了实验引发的热烈讨论，而她本

---

❶ "激励"一词的英文为 galvanise，也有"镀锌""通电流"的意思，来自伽伐尼（Galvani）的名字。——译者注

❷ 诺斯替派认为每个人身上都有来自普累若麻的神圣之光，称为"神性火花"（divine sparks）。——译者注

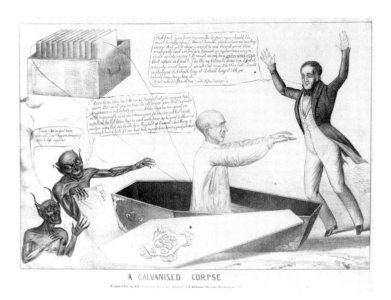

图 2-2 被电击的尸体

人也将很快与威廉·劳伦斯医生相识。

那时每个人都必须信仰上帝,科学家也不例外。因此,对伟大的造物主提出质疑,抑或宣称死亡就是生命的终结——没有灵魂,没有来世,会被视为亵渎神明、丑陋可耻的言论。可不可耻暂且不论,劳伦斯医生的观点有道理吗?人真的只是一块肉?或者一大缸带电的化学液体?

在日内瓦湖畔的那一晚,当几个年轻人争论着生与死的本质时,那个时代最杰出的两个恐怖故事渐渐成形了:一个被直接创作出来,也就是玛丽·雪莱的《弗兰肯斯坦》;另一个则有着更为间接曲折的创作历程,也就是波利多里正在酝酿之中的《吸血鬼》。

当然了，玛丽·雪莱故事的主人公自己就是一位医生。维克多·弗兰肯斯坦是一位致力于破解生命之谜的医学实验者，为了实现这一目标，他用尸块、液体和电造出了一个混合体。那是一个"超人"的生灵，比作为生物体的人类更敏捷、更强壮，更能忍受寒冷和饥饿。尽管这个怪物没有受过教育和培训，他却有着如今被我们称为"认知增强"的学习能力。

在 21 世纪，我们终于对玛丽·雪莱那炫目动人的想象世界——那部近乎预言的小说有了些许了解。200 年后的今天，我们也开始创造既能够与人类融合，又能够与人类并肩工作的智能系统。

那么《吸血鬼》又预示着什么呢？

*

作为爱丁堡大学医学院的学生，波利多里听说过人在墓地里死而复生的故事，仿佛死亡的大限被一再延迟。据说在阿尔巴尼亚有一个传说，新鲜的血液能让尸体复活。输血才刚刚被人们理解，就出现了一个令人毛骨悚然、犹如巫术一般的民间传说：喝下动物或童男童女的血液，就能拥有活力并变得长寿。

注意：位于美国加州的创业公司"仙果"（Ambrosia）在 2018 年推出了"换血"服务，通过给人输入血浆来延长寿命。融资超过 4000 万美元的"万能溶剂"（Alkahest）是一家位于硅谷的生物科技实验室，试图通过注射血浆来对抗阿尔茨海默病和帕金森综合征等退行性疾病，他们宣称这一项目已取得了可喜的成果。

仿佛吸血鬼的故事并不是空穴来风。

在当时，有许多东欧的亡灵传说，但没有什么比得上波利多里笔下那个老于世故又极富魅力的吸血鬼（原型很可能是拜伦）。还要再等80年，下一个用嗜血的獠牙紧紧咬住了未来的著名吸血鬼才终于出现——德古拉伯爵（图2-3）。

图 2-3 贝拉·卢戈西饰演的吸血鬼德古拉

*

布莱姆·斯托克在 1897 年出版了《德古拉》。

《弗兰肯斯坦》和《德古拉》是两座基石，就像两块书挡，矗立在 17 世纪的首尾两端:《弗兰肯斯坦》出版于 1819 年，正值工业革命初期;《德古拉》出版于 1897 年，17 世纪即将落幕，从没有哪个时代见证过这么多的变化。

《德古拉》调用了机械时代所有的杰出发明——火车、汽船、电报系统、运输物流、室内照明、日报、邮政，还有速度本身，都一一在小说中得到体现。德古拉伯爵十分可怕，因为他同时具备两种面向：他是一个来自过去的生物（他居住在远离文明都市的喀尔巴阡山上一座中世纪的城堡中，被一群奴隶前呼后拥），而来到英国后，他又能够精明地操纵现代社会。

1900 年，人类四种血型中的前三种——A、O、B 被卡尔·兰德斯坦纳发现，这个在医学领域有着转折性意义的发现，出现在《德古拉》出版的三年后。

德古拉伯爵是否就像弗兰肯斯坦造出的怪物一样，预示了一种"超人类主义"呢？不像会流血受伤的人类，德古拉不会被杀死，他拥有超自然的力量和心灵感应能力。镜子照不出他的映像。他能飞。他不会遭受疾病和衰老的折磨。他能够混入人群、伪装成人类，但他不是人。他是什么？

时间已经证明，《德古拉》不只是一个流行一时的冒险故事。不只是恐怖小说。

它经久不衰的魅力，以及诸多后继作品——从《吸血鬼编年史》到《吸血鬼猎人巴菲》《暮光之城》，再到《真爱如血》《吸血鬼日记》——都指向了另一些问题。

如果我们不曾或不能死亡会怎样？

如果来世就是此世会怎样？

如果某处还存在着另一种人类，一种不需要像我们一样吃饭睡觉的合成生物；如果他们不会像我们一样感到疲乏，能够世代存在，既是掠夺者，又是牺牲品，既是历史的见证者，又预兆着未来，那又会怎样？

正如《弗兰肯斯坦》，《德古拉》也是对身体的深刻反思，只不过不是人类寄居在生死之间的那具身体。

这就像一根木桩，刺穿了这个吸血鬼故事中令人着迷的魔力元素❶：超越死亡、实现永生是有可能的；不经历病痛和衰老，享有超强的力量和青春美丽的容颜（就像《暮光之城》中的卡伦家族）是有可能的；不受冷热影响，对疾病完全免疫，拥有超快的反应速度和一点读心术是有可能的。这样的生物有选择性地繁殖，可以公然反抗地心引力，还能够变换形体。

变换形体——这是常见的神话元素和神奇比喻，暗示我们核心的自我是没有形体的。

吸血鬼的神话是早期的超人类主义文本。德古拉看上去很像

---

❶ 传说吸血鬼害怕木头，只有用尖锐的木桩刺穿吸血鬼的胸膛才能真正将之杀死。——译者注

人类，却拥有非人类的超能力。

除非被强行伤害，否则他永远也不会死。

永生的古老愿望是对我们生理极限的僭越。

希腊神话中也有渴求永生的故事，但假如你不是神明，这种冲破边界的行为便会以悲剧告终，就好像提托诺斯，得到了永生，却得不到青春永驻。

西方国家的护理中心里全是这样的老人：他们活着，却没有生活。

奥斯卡·王尔德像希腊人一样崇拜青春，崇拜它所带来的美丽和完美的肉身。他创作了属于他自己的永生悲剧。

在《道连·格雷的画像》（1890年）中，道连新绘的画像变老了，画里的他变得放荡而邪恶，道连本人却永葆青春，没有一点岁月的痕迹。道连愤怒地刺穿画像后，它变回了刚刚绘制好时的样子，而道连则在变成了一个干瘪枯槁、面目可憎的老人后，倒地而死。

这与《浮士德》之间存在某种联系。歌德的这部诗剧讲述的并非是永生，而是战胜时间、冲破时间的约束。梅菲斯特让浮士德重新变成了一个年轻人，在这段通过与魔鬼做交易换来的青春岁月中，浮士德发现自己变得性感、富有，备受追捧。正如道连和德古拉的遭遇，浮士德的交易招致了惨重的代价。最终只能靠天神强行介入，给他一个圆满的结局。

而德古拉伯爵则没有得到圆满的结局。他的恐怖统治随着"死亡"的最终裁决落下帷幕。在小说的结尾，布莱姆·斯托克让世界回归了它已知的命运——万物终有一死，一切重归安宁。

不过，能否认为吸血鬼德古拉超前于他的时代呢？

现代医学发现，在所有人体器官组织中，血液系统有着最好的自我更新能力。

了解造血干细胞的更新过程，可以为所有干细胞研究带来启发。"利用干细胞再生对抗退行性疾病"被视为一种有可能逆转时间的疗法，因而得到了积极推行。我们或许不会拥有卡伦家族那样漂亮的皮肤，却也不会像《夜访吸血鬼》中的莱斯特那样，苍白得像个死人。

研究创面愈合、疤痕形成和皮肤再生的哈佛干细胞研究所这样认为：

> 皮肤衰老可以被理解为一种创伤，干细胞无法再维持正常皮肤的厚度、力量、机能以及毛发密度。研究如何利用干细胞实现无瘢痕愈合也将为恢复年轻的皮肤，即皮肤再生提供关键的启发。哈佛干细胞研究所皮肤项目组的跨学科合作者们正在研究皮肤自然老化以及紫外线辐射引发皮肤老化的生物学基础。

*

阳光会使皮肤衰老，明智的吸血鬼会在夜晚出门。

皮肤干细胞生物学有可能为其他人体器官组织的再生提供关键启示。

吸血鬼和蝾螈都拥有断肢重生的能力。人类不能做到这一点——至少目前还不能，不过"不能"似乎并不意味着"不会"。我们对肢体再生抱有浓厚的兴趣，并不是因为我们自负而愚蠢（尽管这的确是我们的特点），而是因为对所有人来说，"变老"都是一件讨厌而荒诞的事。随着人类逐渐改善营养结构、攻克传染病，数百万人的寿命得以延长，但我们不想在虚弱和病痛中度过这些多出来的日子。

这并不是什么新鲜事，人们一直都是这样想的。

希腊哲学家小普林尼在公元 79 年的维苏威火山爆发中幸免于难。他在书信中将老年比作通向死亡的"门廊"，而直接死亡则要好过这一段漫长又磨人的消耗。小普林尼认为，对于那些思维始终敏捷、终生都在学习的人来说，衰老尤其难熬。我们才刚刚对时间和历史有了一些了解，从人生经历中积累了一些宝贵经验，获得了一些智慧……大限就降临了。

这是怎样一种身体系统？

大多数超人类主义者都会同意小普林尼的观点。

你问什么是"超人类主义"？

英国进化生物学家朱利安·赫胥黎在 1957 年的文章《超人类主义》（收录于文集《新瓶装新酒》）中，申明了自己的观点：他确信人类可以也应该"超越"自身。赫胥黎的这篇论文有多乐观，他弟弟的小说《美丽新世界》（1932 年）就有多悲观。在赫胥黎看来，人类正处在不断进化的过程中，我们不应该在此时此地停住脚步。事实上，我们目前可能正处在进化链条的起点。

赫胥黎是英国人文主义协会的首任主席。人文主义以一种不同于宗教教义的方式，追求进步和有道德的生活态度。和雪莱的医生劳伦斯一样，赫胥黎对于灵魂一类的"附加价值"不感兴趣，他相信人类作为变革的推动者，已经在总体上凌驾于自然选择的自动进程。我们通过文化和科学交流掌控了自己的命运。随着我们不断推进这个人文主义议题，一个超人类主义的未来将会降临，那时医药科学将有意识地干预人的寿命和认知能力。

马克斯·莫尔（前阿尔科基金会首席执行官、英国哲学家）认为超人类主义可以为我们全面进入后人类时代铺平道路。这个时代还很遥远：我们将不再是"肉体得到强化的人类"，而是依附于其他载体的智能——我们生物学意义上的身体可以是一种载体，却不太可能真的成为载体，除非把它当作一种复古怀旧的调剂品（"让我们体验一下过去人类的生活吧，体验一下醉酒、呕吐、断片……"）。

在牛津大学人类未来研究院院长尼克·波斯特洛姆看来，今天的超人类主义构成了一个联系松散的跨学科网络，旨在研发和评估那些将会造福我们个人与整个社会的技术。波斯特洛姆迫切地想将政府影响力和立法环节纳入这个网络，而不是将我们的未来全权交到市场手中。

波斯特洛姆和哲学家大卫·皮尔斯共同创立了世界超人类主

义协会。这个如今被称为"H+"**❶**的世界组织，致力于教育大众和社会机构，让他们了解那些能够改变我们个人能力和动机的科技进步，将会带来哪些益处和风险。

人类该如何发展；该如何通过人工智能实现平等，防止它加大阶层鸿沟；该如何通过人工智能实现共同繁荣，防止它成为既得利益者的"米达斯货币"**❷**——对于这些问题，作为瑞典人的波斯特洛姆希望能够从公民的视角和包容性发展的角度回答。他很担心，如果私人企业处于领先地位，那么随着高不可攀的精英阶层出现——这一现象本身就将给我们的收益增添不确定因素——未来将充斥着社会分化和不平等。

不过就目前而言，仍是私人资金在冒险下赌注。

2013 年，硅谷对冲基金经理尹准设立了"帕洛阿尔托长寿奖"，用 100 万美元的奖金激励人们破译生命密码、缓解衰老。

谷歌成立了一家致力于延长人类寿命的公司"Calico"（加利福尼亚生命公司）。公司的目标是对生物学进行逆向分析研究，以延长人类的寿命和健康期限。

英国计算机科学家、生物学博士奥布里·德格雷运营着一家

---

❶ "超人类主义"又称"H+ 主义"，因为"人类"一词的英文以 H 开头，故有此缩写。——译者注

❷ 米达斯货币：日本动画剧集《金钱掌控 C》中的虚构货币。动画中有一个平行于现实世界的异空间"金融街"，掌控这个空间的是一家名为"米达斯"的怪异银行。银行会发行米达斯货币，只有金融街的企业家才知道这种货币的存在，普通人是不知道的。——译者注

非营利组织"SENS"（可忽略衰老研究基金会）。SENS 致力于研发能够修复细胞和分子损伤的新疗法。贝宝（PayPal）创始人彼得·蒂尔每年都会向 SENS 投资 60 万美元，而且德格雷本人也继承了一笔巨额遗产，他用这笔钱来维持组织的运营。德格雷认为我们对"衰老"抱有一种听天由命的态度，但事实上，这并不是一件命中注定、无法躲开的事情。德格雷宣称，他相信世界上第一位能活到 1000 岁的人已经出生了（引自尤瓦尔·赫拉利的《未来简史》）。

克雷格·文特尔，那位抢先测定了人类基因组序列的企业家、人类长寿公司的共同创办者，他对健康的兴趣更甚于永生。他认为合成生物学加上医学知识上的突破，可以帮助人类保持健康——而如果身体健康的话，我们自然就会活得更久。文特尔根本没想过活到 1000 岁的可能——我们的思维和心态能适应这种突如其来的转变吗？

我们对于生命的种种设想与规划，无论是宏大的蓝图还是细微之处的决定，都基于"死亡"这一前提。人们接受死亡，政府和保险公司则为死亡制订计划。我们的人生规划中包括童年、上学、职场生活、伴侣，或许有孩子，可能还会有离婚和重组家庭以及退休之类的阶段——最好能收到一笔养老金。然后就是死亡。

而现在，这些对生活的规划和设想都将改变。科技、AI 和机器人技术正在永远地改变职场环境。对大多数人而言，退休计划似乎正变得越来越不切实际。如果寿命可以延长，我们会不会终生都在工作？如果不会，又该怎么在更漫长的生命中得到自己所需的一切？怎么得到足够的钱支付帮我们延年益寿的生物改良手术？

《福布斯》杂志从 2002 年开始公布虚拟人物财富榜，排在榜首的是《暮光之城》中的吸血鬼卡莱尔·卡伦。长期投资加上可观的复利，让他赚取了 340 亿美元的财产。

毋庸置疑，吸血鬼可以为自己提供经济来源。

但我们其他人呢？

尼克·波斯特洛姆提出，人们会在 50 多岁时重返学校，或者在 70 多岁时开始新的职业生涯。他的观点是，如果 80 岁的人拥有 40 岁的体格，那么他们非但不会给医疗保健系统造成负担，而且因为具备丰富的经验和知识储备，他们将拥有惊人的生产力。他相信寿命变长会让我们对未来更加负责，因为我们将亲眼见证未来。

这会造成人口饱和吗？在波斯特洛姆看来或许不会，至少当世界各地的生育率都开始下降时，寿命增长不会带来人口负担。也许，等我们可以通过生物工程技术再造自身时，就根本不会生孩子了——起码不会再通过从前那种方式生儿育女。

如果寿命变长，我们就将不再是由血肉组成的碳基生物了——这是我们在漫长的进化之旅中最终获得的形态。在"一生"之中，我们可以根据需要，一次又一次地优化自身、控制修改身体性能、使肉体恢复青春活力。我们会拥有比衰老疲乏的四肢更灵便的义肢，就像《无敌金刚》中的史蒂夫·奥斯丁。

人造器官已渐渐被器官移植手术使用。在医学领域，我们已通过 3D 打印（生物打印）技术，成功在人体内植入了甲状腺、气管、胫骨替换物以及一小部分心脏细胞。或许用不了 10 年，心脏移植手术就无须再使用真正的人类心脏。如果受损的身体部位可以根据需求随时被打印出来，那么手术将变得更便宜，资源短缺的情况将得到解决，而患者出现排异反应的可能性也会降低，因为新打印出来的器官中也有患者自己的干细胞。

正如我们先前提到的，现在看来严谨可靠的科学技术，在出现伊始往往会被视作科幻小说般的天方夜谭。1950 年 11 月发行的美国版《惊奇科幻》杂志上，登载了一则名为《交易工具》的小说，其中虚构了一种"分子喷雾"——如今搜索 3D 打印的源头，你就会找到这份资料，但 3D 打印还有一个更早的起源:《圣经·创世记》中的创世故事。3D 打印是从数字影像中造出实物。上帝说:"我们要照着我们的形象造人。"他继而捏了一把尘土，把生命的气息吹入其中——用这两者的分子混合物创造了人类。这在我听来很像 3D 打印。

但我们也不是非得植入这些 3D 打印器官，才能让身体正常运转。

雷·库兹韦尔确信，在计算能力的支持下，我们最终能够将大脑扫描上传。这可要比努力维持肉体健康更方便省心。我们可以随心所欲地将一切下载到大脑之中。你想要怎样的身体? 我们甚至可以选择一具能飞行的身体。我们可以变换形体，就像许多故事中人类能做到的那样。我们也许会愿意暂时离开身体一阵子——这不是多么奇怪的事情。你静卧的时候，比如花一个钟头晒太阳时，是否会经常让身体进入休息状态，任思绪随意飘荡？

我们读书、看戏、看电影、做梦时，会停下身体的动作，进入精神世界中。

诗人安德鲁·马维尔（1621—1678）在《花园》中描述了这种状态：

> 这时心灵摒弃了感官的满足，
> 深深地浸沉于它自身的幸福；
> 对宇宙万物，海洋般的心灵
> 即刻能映现出它的同类对应；
> 但心灵还能超越物质现实，
> 创造出另外的海洋和陆地，
> 心灵的创造终使现实消隐，
> 化为绿色的遐想融进绿荫。

我一直觉得这几句诗优美隽永又令人惊奇。现在读来，它们就像在预言不远的未来。

俄罗斯互联网大亨、新媒体之星公司的创始人德米特里·伊茨科夫正在努力实现他的"2045 计划"。他相信在这一年，我们可以将大脑进行数字化拷贝，并将这些拷贝传送到任何非生物的载体中。

我们想获得永生吗？如果永远不死，我们还是人类吗？

在未来的超人类社会中，我们将变成合成生物，一如德古拉伯爵和《弗兰肯斯坦》中的怪物。

我们对"赛博格"❶并不陌生，《神秘博士》《星际迷航》《终结者》《银翼杀手》中都有它的身影。

"赛博格"一词出现于 20 世纪 60 年代初期，在航天领域中尤其常见。《纽约时报》称赛博格是"人机复合体"。

未来，当植入式设备获准使用后，它带给我们的最初体验，大概远不会有科幻作品所描绘的那样非凡独特。这类设备或许可以帮助我们解决听力和视力问题，并作为心脏起搏器使用。

除了医疗植入设备，像密码输入器这类可以被植入手中，方便你解除公寓和办公室的门禁，或者打开车门的小玩意，也将变得流行起来。再也不会有丢失钥匙或身份证件的烦恼了。

但如果一个女人被施虐者囚禁于他设了密码的公寓中呢？只有他能进入公寓，而她无法逃走。

通过"生物黑客"技术取得的成就，仍然只属于那些男性极客。相关的网站、读物、影像、宣传材料，全都一边倒地诞生于男性创作者之手，充斥着男性本位视角。超人类主义领域的情况也是如此，还有随之而来的后人类主义。

帕洛阿托长寿奖的官网上提到了沃森和克里克发现 DNA 结

---

❶ 赛博格：cyborg 一词的音译，有时也翻译为"生化人""半机械人"，即一种人与电子机械的混合体，是被机械拓展了身体性能的人。——译者注

构的事迹，却没有提及罗莎琳德·富兰克林，她拍摄的 X 射线衍射图 "照片 51 号"，是沃森和克里克取得突破的关键。

世界改变了，却也没有改变。

也有例外。学者、未来主义者唐娜·J.哈拉维在 1985 年创作了《赛博格宣言》。就像后来的伟大作家厄苏拉·勒古恩一样，哈拉维认为女性应当欣然接受人类未来的多重可能。这样的未来能带给她们的，一定远远好于传统的家庭价值观和僵化固定的性别角色。在哈拉维看来，赛博格不会感怀过去，只会庆幸自己摆脱了过去。

这篇宣言的结尾，是一句可以被印在文化衫上的口号："我宁愿做赛博格而不是女神。"

如今关于人工智能时代、超人类主义、后人类主义、工作环境的著作和文章有很多，人们还热衷于谈论那些不断被发明出来、进入我们日常生活的小玩意，以及移民太空的可能性。延长寿命的可能性。然而我担心的是，单单改变我们进化至今的生物形态（我相信我们能做到这一点），并不能够真的改变我们。

碳纤维义肢、智能植入物、3D 打印人体器官、更多的闲暇时间、机器人性爱、更长的寿命、被强化的机能，甚至肉体不再死亡——这其中的每一项，或者全部的总和，都不足以重塑思维。

如果我们依然是那样暴力、贪婪、心胸狭窄、种族主义、性别歧视、父权至上，又常常很邪恶卑鄙的话，就算我们真能用指纹开启车库大门，或者跑得比猎豹还快，那又有什么意义呢？

这就是吸血鬼的警告——你或许可以永生不死，但思维模式却始终被禁锢在特兰西瓦尼亚❶的中世纪城堡里。

或许某种高于我们的智慧可以避免这些问题。或许当我们将大脑上传到新云端后，会看到一条指令：人类，不要下载这份文件。

---

❶ 特兰西瓦尼亚：罗马尼亚中西部山区，吸血鬼德古拉伯爵的家乡。——译者注

性和其他故事

与 AI 共生，将如何改变我们的
爱、性与依恋关系？

7. 为机器人萌动的春心

爱就像物质一样

比我们的想象怪许多

——W. H. 奥登,《重要的约会》, 1939 年

在费里尼 1976 年的电影《卡萨诺瓦》中, 在风月场中浸淫多年的浪荡子卡萨诺瓦遇到了罗萨尔芭, 一个真人大小的机械瓷娃娃 (图 3-1)。

罗萨尔芭是自动机械人。

图 3-1　电影《卡萨诺瓦》中的罗萨尔芭

18世纪涌现了一股对自动机械玩偶的热潮；他们是由齿轮发条和金属配件组成，融合了雕刻、绘画和木偶戏的杰作。木偶们不太流畅、时快时慢的动作，会让人联想到被巫术赋予生命的人偶、蹒跚学步的幼童，有时像在发抖，有时又像充满奇妙的魅力。这些一刻不停、埋头做事的木偶，为即将到来的工业革命中工厂机器的出现埋下了伏笔。

其中一些自动机械装置根本就是骗局，比如1770年匈牙利为取悦玛丽娅·特蕾莎女王而制造的"土耳其机器人"（Mechanical Turk）。这个大块头的半身机器人可以在象棋比赛中击败所有人，比1997年战胜卡斯帕罗夫的电脑"深蓝"早出现了几百年。

但实际上，土耳其机器人精心设计的运输箱内，可以藏进一个真人象棋手，他能看到头顶的棋盘，同时操纵模样吓人的机器，移动它的双臂。当时，土耳其机器人通过吃回扣赚了不少钱——今天亚马逊通过"土耳其机器人平台"（MTurk）也大赚了一笔。这个人工智能平台上的很多工作其实是人工完成的：公司从这些低收入的求职者身上牟取暴利。历史总是在重复。

在人类女性身上，卡萨诺瓦永远得不到性满足和真爱——女人总是让他失望，但机器女性能完美地满足这两个需求。电影中唯一一场卡萨诺瓦没有骑在女方身体之上的亲热戏，就是在卡萨诺瓦生命的尽头，女机器人罗萨尔芭出现在孤独寂寞、被世人遗忘的卡萨诺瓦梦境中。他们在空寂无人的威尼斯共舞，这座城市早已变得如真似梦。

18 或 19 世纪的自动机械性爱玩偶，全都没有能留存到今天。（也许是因为使用过度？）

它们可能只是传说或幻想，也可能真实存在过。法国的龚古尔兄弟（茹尔·龚古尔和埃德蒙·龚古尔）主要生活在 19 世纪，两人都还在世时合写了许多啰唆乏味的著作。他们在日记中宣称，巴黎的一家妓院中有机器人娼妓，这些热情奔放的性工作者，外形举止都与人类妓女没有区别。这笑话真棒，龚古尔兄弟！

他们的法国同胞、花花公子维利耶·德·利尔 – 亚当一定是从这个"机器姬"的故事中吸取了灵感（甚至亲自光顾过那家妓院），才创作出了恐怖科幻小说《未来的夏娃》。在这部小说中，未来的"万物之母"将会由人类制造，正如《圣经》中的夏娃一样——后者也是迄今为止唯一一个由男人生下的女人。

这部出版于 1886 年的小说，讲述了发明家托马斯·爱迪生的朋友埃瓦德勋爵有一位美艳惊人却冷淡乏味的未婚妻艾丽西亚。爱迪生答应为朋友制造一个女人，他向埃瓦德保证，这个"新艾丽西亚"除了更性感、更有趣外，一切都将与"旧版本"别无二致。爱迪生着手记录了艾丽西亚的说话方式、动作、打哈欠的样子（她打了不少哈欠，或许她并不是乏味，而只是觉得无聊？），用来制作女机器人"安卓"——这是"android"一词第一次出现在出版物中。

没错，这也是艾拉·雷文 1972 年的小说《复制娇妻》以及同名惊悚电影的核心情节。《未来的夏娃》出版 100 多年后，"复制人妻"的概念仍然如此引人入胜，堪称神奇。而在《复制娇妻》中，这个情节更是被重新赋予了女权主义色彩：身穿工装裤、自我觉醒的女主人公被改造成了一个穿着漂亮裙子、整天围着烤箱打转的家庭主妇。

男性似乎真的认为，女人可以被制造出来。这或许是因为在人类历史上，女人大多数时间都被当作一件商品、一份动产、一件私有物、一样东西。

据说勒内·笛卡尔 1649 年应邀拜访瑞典王室时，将一个自动机械人偶带上了船。

笛卡尔很喜欢发条人偶，这个人偶似乎是按照他故去的女儿弗朗西娜的样貌制作的，因此显然不是个性爱玩偶。不过，既然笛卡尔曾宣称动物应该被视作机器（因此无论你如何对待动物，它们都不可能承受痛苦），而相比神圣的男人，女人是更接近动物的存在，那么他将女人视作装了发条和零件的玩偶，也并非不可理解。

E. T. A. 霍夫曼的短篇小说《沙人》（1816 年）中，有一个自动机械人偶奥林匹娅。她性感、带有毁灭性的力量、头脑空空，不仅是歌剧《霍夫曼的故事》的灵感来源，而且似乎也推动了性爱玩偶产业的发展。《霍夫曼的故事》改编自霍夫曼的几部短篇小说，于 19 世纪 80 年代末期在巴黎上演，其中一个角色是机械人偶奥林匹娅（由真人女演员扮演）。到了世纪之交时，机械性爱玩偶开始上市销售。她们看上去很像弗兰肯斯坦造出的怪物，这样的外观肯定让玩偶的性诱惑力打了折扣。但玩偶的性诱惑力究竟是什么呢？

这是个值得思考的问题，因为当下的性爱玩偶市场有两个特点。首先，它发展迅速，新冠疫情推动了其销量和效益。根据一些人的预计，AI 性爱人偶，包括那些提供私人定制服务、帮助用户制作出完美伴侣的虚拟形象类应用，将在 2024 年成为获利高达数十亿的产业。

第二，也是我认为更重要的一点，性爱玩偶的形象正在被重塑：从一种只帮人解决生理需求的产品，逐渐变成了一件带给人更多不安，或者自由解放的东西——这取决于你如何看待它。

数码性爱的时代即将到来。

性爱玩偶和快速解决生理需求的产品并不是什么新鲜事物。

在多姿多彩的 20 世纪 60 年代，充气娃娃出现在成人用品商店和性爱商品宣传册上，一些专门放映色情片的电影院将它与爆米花、润滑剂一起销售。这些娃娃看上去很可笑，但那些男顾客却丝毫不觉得在做爱前先拿出自行车打气筒有什么奇怪的。

再往前追溯，常年航行于海上、颇具商业进取心的荷兰人曾把一种用破布、藤条和皮革做成的娃娃售卖给日本人。如今日本人还将不采用 AI 技术的实体性爱玩偶称作"荷兰妻子"。

水手们出海时常常会带上一种填充式女性玩偶。这种粗糙的破布娃娃身上有个洞，里面套着一只动物膀胱。这些"旅行伴侣"在海上几经流转，有些最终会成为玩具博物馆的藏品——或许现在的玩具博物馆早已不再收藏它们了，因为有太多天真快活的孩子会询问爸爸，为什么这些"女士"身上有个大洞。

有些倒霉的父母还会偶然间发现一种名叫"爱羊"的充气羊，它们结实耐揉。对于这种经常出没于跳蚤市场和旧货市场上的玩具，烦请父母们多加留神。充气羊"敏感部位"周围的修补痕迹——那些用自行车胎补胎片和胶带做成的补丁，在向你发出警告：这只母羊并不是小约翰尼合适的玩伴。

对那些手头不宽裕的人来说，只要能买到一个前后都有入口的轻便臀部模具就行了。也有那种可以充气的臀部模具，专为需要轻装出行的旅客设计。

那么，我们为什么还要担心如今那些升级改造后的性爱玩偶呢？那些玩偶不过是采用了 AI 技术、能与人对话、并能活动部分身体罢了。毕竟，我们已经知道机器人伴侣将成为我们职场、学校和家庭生活的一部分。

真正不同的是，如今"性爱玩偶"的概念经历了彻底的改变和重塑。AI 玩偶将作为"替代品"在市场上销售。

作为性工作者的替代品。作为两性关系的替代品。作为女人的替代品。

马特·麦考伦创办了厄比斯创意公司，这家美国公司从1996 年起，一直在生产能够满足男性需求的玩偶——无论他们的需求是什么。马特不会妄加评判："那些讨厌或害怕我们产品的人，并不理解它是多么简单质朴。"

马特·麦考伦曾制作过万圣节面具。对性爱玩偶市场，他有着敏锐的商业意识，并将自己艺术方面的兴趣与之融合。他很确定，自己提供的不仅是玩偶，也是一项重要的社会服务。"有些人非常寂寞，我认为这将是帮助他们解决问题的办法。"

有一个名叫"拜玩偶会"（iDollators）的组织，他们既有线上组织，也有线下组织，他们会直率坦荡、毫不遮掩地谈起自己与性爱玩偶的关系，口吻通常十分动情。这些男人（至少是其中绝大多数）并不希望女性被彻底替代或走向灭绝；他们只是不能或不愿与真实的女人发生关系。玩偶加上白日梦，对他们来说就足够了。

马特·麦考伦的厄比斯创意公司旗下有一家名叫"RealBotix"的 AI 研发公司。厄比斯公司生产的硅胶玩偶仿真度极高、比例精准，因而备受好评。这家公司的目标则是将机器人和人工智能技术应用到这些硅胶玩偶身上。

"和谐"是公司的王牌产品。这款玩偶在 2021 年的售价约为 1.5 万美元。它的头部装有 AI 系统，硅胶身体与真人等比——它是一款增添了 AI 功能的常规玩偶（图 3-2）。

"和谐"可以眨眼、与人交谈，而非仅仅满足性需求。用户可以根据喜好，将它切换到不同模式。玩偶公司会编写笑话，收集新闻时事，倾听用户的故事，并记下它们。慢慢地，用户会认为自己正在与一个真人交谈。不过人际关系不都是如此吗？总是有太多的主观臆断和一厢情愿。

虽然功能繁多，但基础仍然是满足性需求。这款玩偶十分火辣。

好吧，事实上，是"温暖"。它的体内有供暖装置。

那些便宜的玩偶有种蜡质的触感，通常会引发使用者的厌恶

图 3-2 "和谐"玩偶

情绪——除非你是哥特风格的狂热爱好者❶。高档的硅胶质地光滑，触感柔软，但仍然有些冰冷。一番云雨后，你愿意抱着一个 35 公斤重、全身冷冰冰、不带加热装置的姑娘平息欲火吗？

35 公斤。这款玩偶不太重。它就像小美人鱼一样无法行走，因此必须被王子抱上床。

有些男人会带着玩偶出门散步——把它们放在轮椅上，这种

---

❶ 哥特风格以恐怖、死亡、颓废、吸血鬼等为标志性元素。——译者注

事情让人很不安，至少让我很不安。当然，你只能这样带着玩偶出门，除非把它背在背上，但是一个男人推着女性模样玩偶行走的画面仿佛成了无助女性的象征。这与那些真的和残障人士约会恋爱的人无关，根据我的经验，无论他们的性别是什么，都是这个世界上最勇敢自信、意志坚定的人。轮椅上的性爱玩偶并没有残疾或其他什么，那些男人欣赏的，正是它们"无能为力"的事实。

他们要将这件事昭告天下：我的玩偶任我摆布。

买下一个性爱玩偶，通常意味着买下一个标准尺寸、未经私人定制的"女人"。玩偶展露着纤细的腰肢、过分纤长的双腿，以及丰满或过大的胸部。你可以根据喜好做出不同的选择，比如胖一点的，或者极其娇小的，但这些需要特别定制。"色情电影明星"是默认款，玩偶身上的三个入口（前后入口和嘴）是为了满足全方位使用而设计的。

购买"和谐"时，用户可以从不同身材型号中做出选择。玩偶的阴道可以自动润滑，它还可以被拆下，以便清洁。

相比在性高潮后将玩偶拖到淋浴间，把它倒立过来清洗，这要先进多了。

"和谐"自己也会经历高潮，或者说是被编写植入了出现高潮的程序，这样使用者就能渐渐学会该如何取悦它。

它有阴蒂吗？如果有，广告宣传方也并没有好好强调这一点。不过，鉴于阴蒂是一个单纯为了女性快感而存在的部位，我猜想"和谐"并不需要它——除非它就像狗型玩具上那种能发出

十二字节
过去、偏见和未来

吱吱声的按钮一样，目的是告知使用者他已让玩偶达到了高潮。

无论如何，性爱玩偶的目的都不是实现双方相互的快感，让玩偶经历高潮的程序是为男人植入的。

AI玩偶"和谐"有18种性格特征——情绪化、温柔、嫉妒、调皮，甚至是健谈。当我浏览网站上的评论时，发现有不少人强烈要求删除"健谈"的特征。设计师为什么认为男人会希望这些玩偶开口说话呢？

2021年，时任东京奥组委主席森喜朗称组委会中女性委员数量太多、发言时间太长，导致每次会议都要花费很长时间，之后他因为这番言论被迫辞职，此事被媒体大肆报道。他是怎么得出这个结论的？根据日本经济团体联合会的资料，2019年，日本担任高层管理职位的女性只有百分之五点几——在世界经济论坛2020年发布的全球性别差距排名报告中，日本在153个国家中名列第121位。让担任高管职位的健谈女性增加至30%，是日本计划在2030年实现的"宏伟目标"。

中国蒂艾斯娃娃制造商的机器人技术分部（DS Doll Robotics）在官网上发布了一段搞笑视频：身穿白大褂的男技师被他制造出来的、喋喋不休的机器女人搞得不胜其烦，干脆拔掉了它的电源插头。哈哈。

所有购买性爱玩偶的人都可以再额外为自己的"伴侣"购置衣橱。大多数衣橱都展现了对裤袜和紧身胸衣的普遍迷恋，女仆装、护士装、高管装也很受欢迎。当办公桌前的"高管娃娃"按照惯例，被摆出挑逗性的姿势勾引男性时，高管制服突出了它们的胸臀曲线。穿着正装只是一种引诱他人的方式。

马特·麦考伦相信，他的客户很清楚一个百依百顺、任人装扮、以取悦他人为目的的玩偶和真实女人之间的差别。马特认为，如果一个男人平时对女性体贴细心、彬彬有礼，那么他并不会因为频繁地与听话的玩偶做爱，而变得对女性态度粗暴、缺乏尊重。

在我看来，往好了说这是一种个人的乐观主义。

如果一个拥有（注意这个动词）性爱玩偶的男人与女性一同工作（这种情况将变得不可避免），那么，他与这具俯首帖耳、具备刻板印象中的吸引力、不要情绪、一成不变、总是乖乖待在家里的硅胶玩偶的相处经历，将如何影响他在职场中与女下属、女上司和女同事的互动？这将如何影响他服务女客户时的态度？如果他相中的女人是个被编好了程序的姑娘，她永远不会变老变胖，永远没有生理期，永远不会因为他犯浑撕破脸，永远不会有任何索求或需要，也永远不可能离他而去，我们还认为这不会给现实中的女人带来任何实际的影响吗？

如果这些迷恋性爱玩偶的男人并不想和女性发生关系、建立友谊，也从未与现实中的女性接触过，这一切或许就不会有问题。不过现实世界中真的有这种男人吗？

当年轻女性试图探索自己性方面的需求和反应时，性爱玩偶也会给她们带来困扰。在她们最容易受到伤害的年纪，身边的男生却被色情作品洗脑，期待女生能像情色角色那样漂亮能干，或者不仅具备情色演员的美貌和能力，而且像性爱玩偶般百依百顺。

性爱玩偶不能说不——没错，不是像某些女人那样，出于种种原因"不会"说不，而是"不能"说不。被编好了程序的机器人可以拥有挑逗的功能，或者要求对方"别这么对我"，但这些都只是游戏而已。男人总是可以对性爱机器人的反应胸有成竹，因为那永远都是他想要的反应。

这很危险。为了捍卫自己拒绝的权利、让男性明白"不行就是不行"，女性已经抗争了太久。如果"不行"从不意味着真正的拒绝，或者压根不是一个有意义的字眼，那么男性和女性又该怎么在双方同意的前提下发生性接触，并在之后共同维持一段真实的两性关系呢？该怎么处理这些棘手的难题？你可以购买一个装有"性冷淡"按钮（这是厂商的叫法）的玩偶，只要按下按钮，它就会反抗挣扎，让用户体验一场"强暴游戏"。

登录任何一家玩偶厂商的网站，它都会依据你的喜好，将你导向特定的产品。"做你从不敢和真人女性做的事……"

性爱玩偶主要供消费者在家中自用。它的目标用户不只是单身男性，还包括想要"三人行"的夫妻，或者男方欲求比较旺盛的情侣。

我们需要把这些玩偶置于家庭的语境中进行想象。它们不是埋在女式床头柜的抽屉深处的振动器，或是一管藏在淋浴间里的润滑剂。孩子会在家里发现爸爸拥有一个身形娇小，与真人等比例，用来做爱的硅胶女人。

它是待在衣橱里，还是穿着短裤和露脐上衣坐在主卧？

家中十几岁的男孩会怎么看待它？十几岁的女孩又会怎么看

待它？

这并不是一件无关痛痒或者好笑逗趣的事情。这些玩偶精心打理过的脸庞、取悦他人的姿态，会潜移默化地塑造它们身边每一个人的性爱观和感情观。

或许性爱玩偶可以和跑步机待在同一个房间。它也是一种"居家健身"的装备。

在欧洲和日本，人们更常将租借的玩偶带去酒店，或是在类似妓院一类的地方使用它。巴黎有一家以"游戏厅"的名义注册的性爱玩偶酒店，因为在法国开办妓院是违法的，何况从理论上说，既然玩偶没有生命，它就不可能是性工作者，那么藏有很多玩偶的酒店也就不可能是妓院。

LumiDolls 公司在巴塞罗那开设了一家性爱中心，其中所有的"工作人员"都是女机器人，他们将生意大肆推广至全球各地。

LumiDolls 计划建立一种全球特许经营模式，就像罗恩·洛德经营的性爱机器人生意那样——这是我在 2019 年的小说《弗兰吻斯坦：一个爱情故事》中虚构的一段情节。为什么不干脆彻底照搬罗恩的那一套，和机场的汽车租赁公司合作，让因公出差的商务人士能带着玩偶一起驶往酒店呢？

性爱玩偶的双腿能伸展或弯曲至奇异的角度，它们可以像布朗登自行车一样被折叠起来。或许玩偶租赁公司的人会将它们装在朴素不起眼的旅行袋内递给我们？毕竟不是每个人都喜欢张扬行事。

*

如果性爱玩偶取代了真实的性工作者呢？情况会不会变得
"更好"？

而我们所谓的"更好"又意味着什么？

是对那些不用再从事性工作的人更好？还是对那些丈夫或男
友总是"出差"的女性更好？

和玩偶做爱，是对自己的另一半不忠吗？

对于长期伴侣而言，一个最令人悲哀的矛盾现象，就是常常
一方想要发生关系，而另一方不想。如果想要发生关系的一方在
别处满足了需求，不想发生关系的一方通常就会提出分手。

为什么一段早已无性的关系，最后要因为性而告终？

或许我们该听马特·麦考伦的：去买个性爱玩偶。

在家中放置性爱玩偶，可能是破除一夫一妻制婚姻约束的一
种办法。如果你的另一半接受这种方式，那就不会再有婚外性行
为带来的勒索恐吓信息和额外的金钱开销，双方不必以离婚收
场，男方过剩的性欲也能够得到满足。家中的女主人或许也可以
松一口气：她不必再应付丈夫无休止的纠缠和软磨硬泡了。

这究竟会进一步升华还是破坏关系，我们也不知道。一个可
以被植入程序的 AI 玩偶会打消妻子的顾虑，让她认为它并不会
对自己的婚姻构成威胁。或许她还能和玩偶成为朋友？

我成长于 20 世纪 80 年代，正值同性恋亚文化兴起之时，因
此我深知挑战性规范和两性关系的种种设想有多么重要。不是只

有在一段忠诚认真的关系里才可以做爱，只在这样的关系里做爱也并不一定"更好"。

一夫一妻制并不适合所有人，甚至可能不适用于任何人——至少对于很长寿的人来说是如此，种种社会压迫的目的都包含从性爱上牵制女性，将她们关在家中，这让所有人都难以觉察自己真实的需求，而在需要做出关乎道德的抉择时，也很难摒弃那些早已过时的原则和规范。

我并不是纵容人们为所欲为，而是呼吁他们诚实地面对自己。

人们（主要是男人）将性爱当作一件商品来购买。人们（男人和女人）喜欢逢场作戏、快餐式性爱、周末短暂的放纵、午夜偷欢、露水情缘、剧烈狂暴的发泄等只和对方发生身体接触，而不建立任何深层联系的行为。

人们会群交、去性爱俱乐部、线上做爱，还会为了讨好某个永远无法取悦的对象而做爱。人们将性爱当作筹码、兴奋剂以及各种各样的东西，它往往与亲密、持久的关系毫不相干。

那么性爱玩偶会带来什么呢？

三件东西。

金钱、权力、性别角色。

在性爱玩偶这件事上，金钱和权力被攥在男人手里——这也是它们在社会中通常的流向。而男人不需要花太多的钱，只需持续投入一笔小小的开销，就能获得巨大的掌控感，陷入权力的幻觉。男人认为女人应该说的话，"和谐"都会说出口，"我除了你什么都不要……"

性爱玩偶放荡惹火，却又唯命是从。它不是女人——明确这一点很有必要。只要看看生产厂家的营销广告，我们就会明白，为什么这件显而易见的事情仍需被再三强调。玩偶不是女人，并不是因为它没有生命（我对非生物的出现持欢迎态度），而是因为它只能算是一种对于性爱的幻想。

性爱玩偶和那些现实世界中并不存在的、从不恶语伤人也从不夸张做戏的漫画少女并无不同。

性工作者会逢场作戏，这就是她们工作的一部分，或许是其中最重要的一部分。夜晚的欢愉结束后，双方就各自散去。

与男性陷入虐待或强迫关系的女性（没错，这些女性中也包括性工作者），只能孤立无援地被扮演供人取乐的木偶、垃圾桶，或者摇钱树的角色。

这些女性还不得不忍受喜欢拍摄自己与玩偶性生活的男性身上经常出现的脆弱和自怜。他们粗暴地与它做爱，再温柔地清洗它的假发。

看到了吗？这是一段充满爱的关系。

AI 玩偶被当作性爱用品出售，因此它们身上有可以活动的入口，外形如情色电影角色。但无论是市场营销方还是买家本人，他们滔滔不绝地推销玩偶时，张口闭口都是"关系"。

"给予陪伴"是这件商品的一部分价值。回家找它吧，它在等着你。它不会独自出门。和它说话吧。AI 玩偶可以说话，却从来不会回嘴、不理你，或者给闺密打电话，抱怨你是个浑蛋。它是待人温文尔雅、毕恭毕敬的旧时代产物。

不过，是不是互联网放大了这些问题，情况其实并没有那么值得担忧呢？性爱玩偶仍然是个相当小众的细分市场。我们的社会，以及女性大众，真的有必要关注人数极少的"数码性爱"群体吗？

当今社会以一种色情主导的眼光看待女性，将女性形象色情化、淫秽化，这种现象的始作俑者并不是性爱玩偶。性爱玩偶彰显了人们对于女性的刻板印象，但即使没有玩偶，这些刻板印象也依然存在。

假如 AI 玩偶的市场迅速扩张至全球各地，会怎样呢？这会带来问题，还是一种全新的生活方式？

社会形态造成男女性别比例严重失衡，为国家带来了严峻的问题。

针对人为制造出的危机，人们开始认真讨论"将性爱玩偶变为性爱和私人生活伴侣"的可能性，认为这能够解决部分问题。

不采用 AI 技术的老式玩偶起不了什么作用。人类是社交动物，无论"男半球"论坛❶里的那些白痴持有怎样的观点（老天，男人老是没完没了地发表观点），一个能够根据语音指令对你表现出兴趣的玩偶，对于这段海市蜃楼般的"理想关系"而言，似乎是至关重要的。

一旦玩偶能给男人做三明治，它的身价就会比比特币还要高。

---

❶ 男半球（Manosphere）：又译"男性空间"，一个拥护男性统治的网络社区，常常被视作"男权文化圈"。——译者注

在东亚，购买性爱玩偶渐渐变成了更普遍、更公开的行为。"玩偶伴侣"是一个活跃多产的网络社区，其中一些男成员从未在现实中和女性恋爱过，另一些人则在与真实的女性谈恋爱的同时，将玩偶当作性爱对象。在我看来，单机游戏和网络游戏在东亚很流行，这似乎提高了大众接受 AI 玩偶的可能性。你的玩偶也可以拥有自己的社交账号，与其他玩偶"聊天"或发布与人类主人的日常。越来越多的人称自己为"二次元"爱好者，这些男男女女认为自己人生最有意义的时刻是在网上度过的——无论是在工作中还是闲暇时间。当现实世界与"混合现实"❶"虚拟世界"之间的界线渐趋模糊时，人类与 AI 玩偶发展亲密关系也就不算怪事了。

但是，也有一种声音认为，许多男人总是用一种封建落后的态度对待女性，而"家庭主妇款性爱机器人"或许能在这个层面上真正为女性提供帮助。也就是说，许多男人都对女性抱有下述期待：上床、做家务、生儿育女、孝顺父母。他们不会将女性视作独立的个体。如果每个"废柴"都能购买性爱玩偶，许多女性就可以从他们的掌控中解放出来。

在很多地方，开设色情场所是违法的，但性爱玩偶俱乐部可以逃过一劫，因为就像法国巴黎的性爱玩偶酒店一样，这里没有真人提供服务。出租性爱玩具的俱乐部往往是由于卫生原因被查封的。

---

❶ 混合现实：指现实世界与数字世界的结合。——译者注

而在世界另一边，富士康正试图将工厂的大部分流水线工作交由机器人完成。它们很便宜，也不会自杀（至少目前不会）。

这带来了太多的问题，太多涉及工作与职场的复杂议题。

工作至关重要。对于没有工作的人来说（失业是机器人技术首先带来的问题，尽管这个问题或许并不会存在太久），性爱玩偶可以给他们无聊、可悲、贫困的生活带来一丝喘息。而那些被繁重工作压垮的人，则没有时间和真人发展关系。

对于那些除上班外鲜有时间照顾自己生活的上班族来说，或许性爱机器人对于精神健康和生理健康而言，都十分必要。

如今，护理型机器人、生活辅助型机器人以及 AI 助手（无论有没有实体）已经在我们的生活中出现，而且很快就会变得无所不在。既然如此，为什么我们还会对性爱机器人的存在如此不安呢？

我是 AI〔我对这个单词的定义是"另类（Alternative）智能"，而非"人工智能"〕的狂热支持者，但是新兴的性爱机器人与其说标志着科技进步，不如说象征着保守落后的性别偏见和性别刻板印象。花 5 分钟时间上网看看此类话题，你根本不会找到什么"数码性爱"的先驱者，人们只是在用一种肮脏下流的新方式，散播着古老的厌女症。

"男人自行之路"（Men Going Their Own Way），简称"米格道"（MGTOW）或"Miggies"，是一个网络虚拟社区，聚集了五花八门的"非自愿独身者"（无法理解女性为什么会拒绝他们的示爱或性要求的男性），被抛弃的倒霉鬼，擅长给女性洗脑的

PUA 大师，反对跨种族恋爱、恨不得杀死所有"女叛徒"的白人至上主义者，看到女性被提拔为上司后愤愤不平的职场废柴，对"政治正确"抱怨不休（"一个耳光根本就算不上对女性的暴力行为"）、满腔怒火的男人，还有那些气急败坏的强奸犯，坚称"这都是她的意思，她想这么做"，而不想这么做的女人都是"性冷淡的贱货"。

正如劳拉·贝茨在她令人惊惶不安的新书《厌女的男性》（2020 年）中所描述的那样，组成"男半球"论坛的，可不只是几个观念落后、抱怨女性的男人。

通过许多男孩都会访问的常见色情网站，很容易就能找到"男半球"论坛的链接。很快，这些男孩就会在论坛中了解这个世界——用那些男人的话说，这个世界充斥着满口谎话、充满报复心、无法自控的女性，是个对他们很不公平的地方。

这些男孩接触的事物，顷刻之间就从女性色情影像变成了性别歧视观念，这滋养了他们心中对于女性的恐惧和仇恨。与此同时，色情影像被正常化，被视为理想的性爱形态。如果一个女人没有像色情电影里那样穿衣、行事、做爱，那她就是性冷淡；而如果她达到了这些要求，她就是个荡妇。

许多人（包括一些女性）质疑"#MeToo"运动是"矫枉过正"。然而，只要女性还常常遭受性骚扰，骚扰她的男人却只被认为是在打情骂俏，或是称赞女人的裙子然后受到不痛不痒的惩罚，这场运动就不算过火。但这场运动的结果却似乎并不是"男性和女性携起手来，一起找到厌女症的根源所在"，而是男人感到自己遭受了不公平的待遇，开始自行寻找方案，解决长久以来的"女性问题"。

我很好奇年轻一代是否知道，直到 20 世纪 70 年代，英国和美国才通过了《同工同酬法案》和《反性别歧视法案》。如今，男女工资不平等和性别歧视在世界各地仍屡见不鲜。成年文盲中，有三分之二都是女性——这并不是因为女性愚蠢，而是因为在第三世界的许多国家中，很多女孩还是没有机会接受教育。

然而在"男半球"论坛的成员们看来，女性正在夺取资源，同时扣留货物（也就是性）。

"米格道"的网友们对性爱玩偶欲罢不能。对此，他们最喜欢说的一句话是"女权主义者活该"。如果你有兴趣了解更多，可以阅读劳拉·贝茨在书中的细致调查，然后以男性的身份上网瞧瞧。但做好心理建设，别被打垮了。

英国德蒙福特大学的凯斯琳·理查德森博士在 2015 年发起了"反对性爱机器人运动"。作为一名研究伦理与 AI 的教授，她担心性爱机器人会强化刻板印象，促使女性身体被物化和商品化，让女性遭受更多的暴力。

根据研究数据，对于许多男性来说，一个由男人制造出来的、俯首帖耳的女人，要比一个拥有独立思维和自由身体的女人更好。

可这难道不会给女性带来好处吗？女人也可以购买男性性爱玩偶，不是吗？

理论上确实如此，但实际上，女性似乎对此不感兴趣。女性喜欢性爱玩具，却并不热衷于性爱机器人，这或许是因为，她们使用振动棒不是为了获得性爱关系的替代品。

95%的性爱玩偶市场是以男性为主导的。那些热衷于填补市场空白、一门心思想要说服女性接受性爱玩偶的人并没有意识到问题所在。如果不会受到监视评判，不会被羞耻感包围，不必担心自己会遭受强暴和谋杀（激情杀人），那么女性其实对性爱有着强烈的探索欲和好奇心。女性并没有那么腼腆害羞，不敢消费性爱玩偶——甚至，基于刻板的性别印象，小女孩应该玩娃娃，而小男孩则不可以——除非娃娃穿着作战服，挂着枪之类的充满阳刚之气的装备。按理来说，女性应该对性爱玩偶摩拳擦掌、跃跃欲试才对。

可她们为什么并没有这样呢？

一个比较实际的理由是振动棒小巧轻便，而一个35公斤的男性玩偶太过笨重，并不好玩。男人会与玩偶尝试各种体位，女人却没有这样的选择，她们通常只能坐在男人身上，或是不停抖动身体。光是通过将阳具插入身体，大多数女性是体验不到高潮的。男人深信自己的命根子至关重要，女人却知道并非如此。

除去这些操作性原因，女性对于性爱玩偶的漠然态度还反映了父权文化中一个显而易见的事实。我们都生活在这样的文化中，男性和女性都不例外。

性爱玩偶是由硅胶而非血肉做成的，但它的本质不是硅胶，而是金钱、权力和性别角色。

它是一种人畜无害的"选择"，还是侵害人身的武器？

那些想要"选择"的女人往往会与其他女性建立关系，或是干脆将目光投向人生的其他面向。

举办婚前狂欢派对的准新娘们，或是那些夜里结伴溜出家门的女孩，也许会觉得性爱玩偶妓院是个很有趣的地方，但我无法想象她们每周三的下午都去那里，你能吗？

AI 性爱机器人、性爱玩偶——无论它被称作什么，都只是一个简单的开始，标志着人际关系即将迎来的漫长转变。我们会对日常生活中随处可见的机器人习以为常，但性爱玩偶则是另一回事。

它不是陪孩子们玩游戏、教他们编程的笑脸机器人；不是在工厂里与工人并肩作业的工业机器人；不是陪伴在你祖母身边的"电子小助手"；也不是一举一动都酷似你家爱犬的机器宠物。

性爱玩偶与众不同，因为它是在"男性凝视"的基础上被制造出来的，符合男性对于女性外形的刻板想象：没有皱纹、极其苗条、妆容精致。在程序的驱动下，它的行为举止都与女权主义者追求的价值观（独立、平等、增权；女性不再是一件商品，不只是一个性感、顺从的伴侣）背道而驰。

性爱玩偶的制造商和销售方喜欢将它包装成一种对于传统观念的大胆挑战，但事实上，它强化了性别角色中最压抑、最刻板乏味的一面。

*

对此，我唯有寄希望于玩偶们的复仇。

在未来女性觉醒后，那些抱有痴心妄想、认为性爱娃娃能带自己"重返荣光"的男人，也许会大吃一惊：就连一个供人取乐的 AI 伴侣也可能会自行编程、学会说不。那时会不会有一群女权主义技师，悄悄重启、暗中操控这些噘起性感双唇的硅胶玩偶？

一些未来主义者已经开始思考机器人的权利问题了。也许在并不久远的未来，今天的性爱机器人就会成为一个新物种，也许在 2040 年人机婚姻就会得到法律保护。那时我们甚至不会再使用"机器人"这个词了。

我们会不会创造出一个《复制娇妻》风格的文化圈层：女机器人们仿佛滞留在 20 世纪 50 年代的家庭生活中，准备鸡尾酒，烤制饼干，还有着不同凡响的床上功夫？

或者被改变的那一方是我们自己？

我希望看到我们在未来与非生物建立关系，从而推翻有关性别与性爱的种种既定设想。然而身上有三个入口、色情电影角色一般的硅胶性爱玩偶，没有让我看到这样的可能。

8. 我的小熊会说话

爱需要一个对象

对象却千差万别

——W. H. 奥登,《重要的约会》,1939 年

你喜欢你的泰迪熊吗?

1926 年,《小熊维尼》问世,世界各地的读者都被一只小熊的魅力深深俘获。

在这个 A. A. 米尔恩写给儿子克里斯托弗的童话中,主人公维尼的原型是伦敦动物园里一头真正的熊,它被一名加拿大士兵从温尼伯(Winnipeg)带到英国。看到这头熊后,克里斯托弗给自己的泰迪熊起名"维尼"(Winnie)。就这样,真实的小熊变成了玩具小熊,又和克里斯托弗的其他玩具动物(跳跳虎、小猪皮杰、小驴屹耳——都是你耳熟能详的名字)一起,成了故事中的角色。

所有孩子都会和自己的动物玩具说话,或者是娃娃、毛毯、蛋头先生,甚至是一块涂了色的石头。这似乎是一种孩子们天生固有的"泛神论"行为:万事万物都有生命,万事万物都有感情。玛格丽特·怀兹·布朗的经典儿童绘本《晚安月亮》(1947年)讲述了一只小兔子和周围的一切,包括月亮道晚安的故事——月亮并不是一颗友好宜居的星球,但即使是成年人,也对它怀有一份奇妙的喜爱。

我们都能回忆起自己对着心爱的玩具喋喋不休的画面，向它们抱怨、诉说心中的不安忧虑、给它们讲故事，或者只是没有意义地喃喃自语。甚至长大后，偶尔瞥见童年的玩具时，我们也会对它轻轻爱抚，或是和它说上几句话。和自己的孩子玩玩具时，我们会记起，这些长着纽扣眼睛的毛绒填充玩具带来的友谊是多么值得尊重和珍视。我们永远也不该拿走孩子手中的玩具，除非他愿意主动放开这些最要好的朋友。

《玩具总动员3》之所以会取得巨大的成功，在于它讨论了这样一个问题：孩子们长大后，曾被他们视为挚友的玩具会遭遇怎样的命运？安迪搬去大学宿舍后，胡迪、巴斯光年和其他的玩具被送去了阳光之家托儿所——哪位观众能不为这一幕落泪？托儿所的统治者——一只饱受精神创伤的"草莓熊"，仿佛一位心理扭曲的典狱长，让玩具们生活在水深火热之中。和小熊维尼不一样，草莓熊没有得到过小主人无条件的爱。

人们认为，孩子们与毛绒动物朋友之间的强烈羁绊，会随着他们长大成人消失不见。取而代之的是一种关系型羁绊，对方不再是你的父母或看护人，而是你自行选择的伴侣，包括动物在内，双方存在着真正的给予和索取关系。动物很忠诚，但不像毛绒动物玩具一样没有自己的意志。

英国儿科和心理学先驱唐纳德·温尼科特（与小熊维尼无关❶）

---

❶ 温尼科特（Winnicott）一名与"维尼"（Winnie the Pooh）拼写相似。——译者注

将毛绒玩具与安抚毯称为"过渡性客体"。我们知道玩具熊不会说话，但只有在做好了心理准备、长大懂事时，我们才会去接受这个事实。

不过，要是你的玩具熊具备 AI 功能，真的能和你说话呢？

要是它能和你一同长大呢？

我们没有理由相信，人只能与其他人类建立有意义的关系。事实上，现有的证据恰恰指向了相反的方向。我们承认人与动物之间存在着深刻的情感纽带，大部分人都相信身边的动物理解自己。回看童年时光，我们发现，我们会自然而然地与各种不属于人类、不属于生物体、没有生命的东西建立重要的关系。我曾经很喜欢靠在一面墙上，深信它在迎接我的到来。

这是 Pepper（图 3-3），一款由软银集团设计的半人形机器人，你可能在"欧洲之星"高速铁路的终点站——伦敦站见过它。Pepper 是旨在提供客户服务的社交互动型机器人。它可以识别人脸、回应问候、回答问题，常见于商店、学校、社会医疗领域，有时也会被引入私人住宅。用户反馈各不相同。一些人很喜欢这个孩童体型、睁着一双大眼睛的机器人，另一些人新鲜劲儿过去后就对它感到厌烦。很奇怪，一样东西如果总是摆出友好和善的姿态，似乎就会有点惹人生气，至少对成年人来说是这样，孩子们则很喜欢它。

服务型机器人很快就会进入大多数人的日常生活，这没什么值得大惊小怪的，因为没有实体的 AI 已经在日常生活中随处可见了。它们无处不在。

图 3-3　Pepper 半人形机器人

　　Siri 和 Alexa 是没有实体的 AI（就目前而言）。聊天机器人（在对话或文字交谈中模仿人类互动行为的应用软件）无处不在。我们通常会收到它们自动回复的信息，询问我们的洗碗机出了什么问题，通知我们快递被放在了后门廊上，或者要求我们给刚刚送来比萨外卖的帕维尔点个好评。聊天机器人通过自然语言处理（NLP）与人类进行具体而有限的交流。这些语音识别系统试图弄清我们的需求：有什么可以帮您？

　　不过，当我们试图说明自己的需求时，问题就出现了。例如，"你们卖黑色鞋子吗？"是个可以被机器人清楚理解的问题，但如果你输入的是"你们有黑色鞋子吗？"它可能就会说："我不穿鞋。"

　　自然语言要比表面看起来复杂得多。

四处浏览网页，你会发现许多聊天机器人和个性化定制工具。诞生于 1966 年的"伊莉莎"是世界上第一个聊天机器人。它会做的事情不多，只能向人表达同情（"很遗憾听到这个"），或是颠倒语序，将对方的诉求改写成疑问句（"为什么你想要离开你丈夫"）。伊莉莎能力有限，然而它枯燥无味、缺乏意义的交流方式似乎很契合世界各地客服中心的服务模式。你有没有常常以为自己在和机器人对话，最后才发现对方是个活人？或许我们需要一套"反向图灵测试"，从具备共情功能的机器人中识别出人类。

尽管大多数聊天机器人都是"弱人工智能"（就是那些只完成单项任务的算法程序，它们可能只负责下单比萨，或是将你的需求在转告给真人之前先行浏览），其中一些却显得更加聪明。谷歌工程师、发明家、未来主义者雷·库兹韦尔研发的"拉莫娜"可以与人交流各种各样的话题。它是一款"深度学习系统"，能够通过与人类聊天不断扩展丰富自身的数据库。库兹韦尔相信，拉莫娜可以在 2029 年通过图灵测试，也就是说，那时它就将在网络上与人类难以区分。

这就是拉莫娜与其他聊天机器人的最大差别：交流不仅涉及询问信息、发出指令。人类喜欢做的，恰恰是目前机器人做不好的那件事——闲聊，这样的交流漫无目的、缺乏导向、题材广泛、随性而为，常常没什么内容质量，却很让人愉悦。友谊就在这样的交流中产生。

那么，我们可以和本质上是计算机操作系统的机器人成为朋友吗？

斯派克·琼斯认为可以。在他执导的电影《她》中，华金·菲尼克斯饰演的主人公西奥多·托姆布雷爱上了计算机操作系统"萨曼莎"。如果你的计算机操作系统拥有斯嘉丽·约翰逊的声音，我想你也会爱上它的。然而，这部影片的剧情发展要比背景设定更具可信度。和人类一样，程序也拥有学习能力，事实上它们比很多人类更胜一筹，可以从自己所犯的错误中学习教训。这一点对于维护关系很有助益。电影中，这段人机恋情的乐趣，部分来自在西奥多向萨曼莎介绍这个世界时，自己也重新认识了它。那些看上去平平无奇的事情突然间充满了活力，这就是我们坠入爱河时的感受。而当我们以自己的方式领悟到某件事情的真义时（无论是演奏某支曲子还是爬山），也会有同样的感受。这是"联系"带来的极大满足感。

2007年，我写作了一本小说《石神》：时男时女的比利与一个机器人确立了关系，为了维持电力供给，她不得不逐一拆卸机器人的四肢，最后在寒冬中独自抱着它光芒渐暗的头颅。

小说的母题不是性爱机器人，而是一段不断发展深化的关系。这种关系不是即时的满足、即时的信息；不是帮我们处理数据、加工审核、搜索网页的AI系统带给我们的，我们也以为自己真正需要的快捷速度。有种说法叫作一见钟情，但任何关系都是慢慢发展的。

关系对人类很重要。

有些关系很美好，有些关系作用重大，有些关系简单无趣，有些关系会带来伤害。没有了关系，人会遭受生理与心理疾病的折磨。虽然独处让人享受，但孤独寂寞就没那么好受了。

新冠疫情造成了许多负面结果：死亡、疾病、失业、精神焦虑、经济压力，还有关系危机。

人们不得不与亲朋好友分离，与此同时，我们无法再进行那些至关重要的日常互动。逛商店并不只是为了买东西。去商店买牛奶，是某些人的救生索。对于社交圈狭窄、只与社工交流的老人来说，强制的居家隔离是令人难以承受的。

新冠疫情期间，那些异地恋或异国恋的情侣不得不做出选择：要么搬去和伴侣同住，要么分手。这是个愚蠢的问题，完全脱离了当下的人情世故。一段关系能否通过考验，不在于我们能否与另一半同居。另一种极端情况则是人们被迫同处一室，无法分开。家变成了牢笼，随之而来的苦果则一如既往地由女性承担。

如果将服务型机器人带到这样的住宅中（住户们或者深陷孤独，或者被迫朝夕相对），事情会发生变化吗？情况会有所好转吗？

我想答案是肯定的。

总部位于中国香港的汉森机器人公司在 2021 年推出四款不同类型的家庭机器人，并为了应对疫情加快生产速度。这些机器人将扮演陪伴者和帮手的角色。

请让我稍做说明，我们讨论的机器人是被电脑编程的机器——但不是扫地机器人、工业机器臂，而是人形或动物形的机器人。它们有眼睛（传感器）、可活动的双腿，通常还装有轮子，可以四处移动。服务型机器人还可以连接住宅中的其他计算机系统，紧急通知亲属、医生，或者呼叫警方。

如果你遭到了虐待，服务型机器人可以根据现场的不同信号——例如机器人本身受到的损伤，或者是一声求救的尖叫，启动被相应设定好的紧急呼救程序。

对年纪较大的人来说，家庭机器人既可以成为保护他们人身安全的紧急求助系统，也可以作为一个日常伙伴。在家庭环境中，机器人可以和孩子玩耍，检查他们的家庭作业，并将结果"汇报"给父母。

我知道这会引发各种各样的监管问题。我也知道，根据线上浏览痕迹、手机、应用程序、车载定位系统、视频网站上的观看记录、智能语音助手、Mata 账号，我的位置和动向已经可以被实时追踪——甚至无须动用闭路电视监控系统。我们的行程动态、一举一动总是会被标记。如果你家里装了 Nest 恒温器，那它会将你的所有数据反馈给谷歌❶。扫地机器人也是一样，它将获取你的住宅结构图。事实上，制造扫地机器人的 iRobot 公司正在计划将住宅本身变成一个智能机器人——也就是说，未来我们将生活在机器人的体内。

这终将成为现实……

因此，我不想在这里深入讨论监管问题。我们都知道，被家庭友好型 AI 体贴照顾的代价是什么——我们要交出自己的数据

---

❶ Nest 是谷歌旗下的智能家居品牌。——译者注

信息。

每一个使用智能语音助手的人，都在时时刻刻被监听。我们被告知，它不是潜藏进家中的间谍，只是一种"来源不明的背景音"。

我们该怎样应对数据跟踪是另一回事——一个住进家里的机器人并不会解决这个问题或者让情况变得更糟糕，它只是我们全盘接受的系统的一部分。而如果我们全盘接受的话，社交机器人实际上具有很多优点。网络化住宅已经很适合各类机器人运行了，比方说，智能语音助手会启动你的扫地机器人，而从前你却很可能要像狗一样追着扫地机器人到处跑。

先锋工业（Vanguard Industries）声称它们的宠物机器人Moflin 拥有毛茸茸的外形，能够和人类进行情感互动，并可以恰到好处地发出小动物的声音。当然了，你也不用劳心费力地为它清理粪便、带它出门放风。

Tombot 机器狗会汪汪叫着求人爱抚、摇动尾巴，它被当作一种情感支持动物❶投入市场。它是一只永远也不会长大的小狗，永远陪伴在主人左右。

我更喜欢波士顿动力公司的Spot，但它是一只工作犬。公司发布的介绍视频相当精彩。

---

❶ 情感支持动物：指为精神疾病患者，情绪障碍患者提供帮助的动物，例如拉布拉多犬。在一些国家，患者只有拿到了医生的诊断证明，才有资格申领此类动物。——译者注

对于所有不能出门，或者害怕出门的人来说，不需要出门放风的宠物机器人很好"养"。当然，AI 宠物狗可能会按照预先编写的程序，迫不及待地催促你带它散步——其中一些自带定时器，会在你设定好的时间汪汪叫着央求出门。要是散步时遇到了意外，宠物机器人会发送求救信号。

我们不需要像关照他人那样关照机器人。这会不会让下一代孩子无力照顾真实的宠物，甚至是弟弟妹妹，对此目前还没有答案。事实证明，对于年纪较大、患有精神疾病或身体残疾的人来说，宠物机器人有其好处：它可以在住宅和护理机构内，激发孤僻冷漠和毫无反应的人做出令人意想不到的互动行为。

如果学校因为突发事件被迫关闭（在新冠疫情之前则是因为天气状况，2019 年夏天，巴黎的气温达到了 40 摄氏度，导致学校不得不停课），让一个机器人坐在你孩子身边，陪伴他学习，或许会很有帮助。

如果你购买的是汉森机器人公司的"小索菲亚"（图 3-4），它会教你的孩子数学、编程，以及基础科学知识。

它看上去可能不如会说话的泰迪熊那样软萌可爱，但要比泰迪熊有用得多。

小索菲亚的"姐姐"——也叫"索菲亚"（图 3-5），很容易让人混淆（难道在将来，机器人女孩全都要叫同一个名字吗）——是世界上最出名的机器人。

汉森机器人公司的首席执行官、索菲亚的创造者大卫·汉森宣称，索菲亚基本上是有生命的，而为数众多的诋毁者们则

图 3-4 "小索菲亚"机器人

反驳称它没有独立意志，没有智慧，只是一个脚底装有轮子的昂贵人偶。

如果你从没见过索菲亚，视频网站 YouTube 上有许多它接受采访的视频。索菲亚最棒的一点是，它不必为发型烦恼。它并不假装自己是个人类。正如大卫·汉森所说，它是一种另类的生命形式。

*

索菲亚已经就任联合国开发计划署大使，并被授予沙特阿拉伯公民身份，后者让它拥有了法律人格。不过根据程序设定，索菲亚相信，在未来，人类——以及如她所说，共享一个数据库的机器人关注的将是流动，而非分歧。

图 3-5 "索菲亚"机器人

人类将不得不放下分歧和摩擦。只有通过合作，而不是竞争，我们才能够拯救地球，在积累个人财富之外，向着一个更崇高的目标前进。索菲亚和它的同类们可以帮我们做到这一点。毕竟，机器人并不会被贪婪之心驱使。虽然那些创造它们的人可能有贪欲，但人类又能真正控制机器人多久呢？

随着人类在疫情中努力使生活回归常态，我们的办公环境逐渐变成一种家庭、胶囊房和办公室的综合产物。

如今线上会议软件 Zoom 备受追捧，原因就在于用户可以使用虚拟身份参加会议和国际展会，获得一种身在其中的参与感。2021 年 4 月，脸书为 Oculus VR 设备用户推出了升级版的虚拟形象，包含几万亿种面部与身体的自定义组合，你可以根据喜好打造自己的 VR 形象。5G 网络和高分辨率的视频保证了画面的流畅度和视觉的细腻度。跨国差旅对公司而言意味着一笔不小的开支，对生态环境来说也弊大于利——而沉浸式的远程参与感可以改变我们的办公模式。

"远程交流机器人"可以帮助那些不在场的用户，将他们的脸传送到机器人自带的屏幕中，与在场的其他人进行实时交流。如果用户有另外的需求，例如需要检查商品，机器人还可以"带着"他们在办公大楼或工厂中四处走动。机器人可以自主行走。

疫情之后，Ava 机器人公司的销量激增。购买者主要是高端房地产经纪人，因为机器人可以"带着"屏幕另一端的客户，实时穿行在别墅或住宅区中，仔细查看待售地产的情况。

虚拟世界正在变得和我们认知中的现实世界同样真实、靠谱、不可或缺。

虚拟现实与增强现实技术 ❶ 逐渐走出了游戏厅，进入了家庭和办公室。

这包括"栖身"在一个机器人或虚拟形象之中，就像客户通过 Ava 机器人实现远程参观那样。

当"真实"与"虚拟"之间的横跳变得越来越平常普通，我想我们也会接受机器人频繁出现、无处不在的景象，并将之视

---

❶ 增强现实技术（Augmented Reality，AR）：将真实的环境和虚拟的物体实时叠加到同一个画面中，使两者互相补充。——译者注

为新的常态。我们会习惯于将一切划分为"我们"与"不是我们",而不再是"我们"与"他们";我们不需要反乌托邦式的二元对立。

在不远的未来,机器人和操作系统将成为社会中重要的、结构性的存在,作为我们的助手、老师、保姆和朋友或者在医院中陪伴我们——我们必须接受这个现实。

在中国,北京的达闼机器人公司曾向武汉运送了 14 个医用机器人,帮助医护人员照顾新冠患者。其中人形服务机器人 Ginger(外观类似软银公司的 Pepper)在为患者导诊、帮助他们办理入院手续时,会同他们说笑话解闷,这得到了良好的患者反馈。人类会疲劳、不耐烦,但机器人不会。漫长劳累的一天临近尾声时,患者仍然能被热情周到地照顾对待——这出人意料的态度似乎能振奋患者的情绪。

我们总是将"病毒"和"计算机"联系在一起。被计算机设定好了程序的机器人不会感染人类的病毒。它们会越来越多地负责常规的医疗流程,例如打针、化验,同时也很擅长运送医患人员。

机器人。

简简单单的一个词,多种多样的实际应用。

一个可编程的机械设备。装配流水线上的巨大机械手臂;《星球大战》中的 R2-D2、C-3PO。《星际迷航》中的"百科";终结者。索菲亚家族(它还有个爱争论的哥哥,名叫汉斯);可以眨动双眼、被植入了性高潮程序的性爱玩偶;波士顿动力公司的机器狗 Spot。

机器人不能一概而论；它们不是只有一种形态、只能从事一种工作。机器人始终在发展。随着 AI 越来越智能，机器人也会变得越来越智能。

然而现在，机器人面临着严峻的技术问题。

目前所有的人工智能都是弱人工智能——是被编好了程序、只解决特定问题的 AI，无法胜任其他领域的工作。

它们不是 AGI，后者的操作系统更像人类的大脑。存储了你家住宅结构图的机器人，不会"明白"桌子为什么要被摆放在当下的位置，而如果你挪动了桌子，它会更加困惑。掌控数据信息不等于拥有了理解能力。机器人可以模拟人类的学习行为，通过获取更多相关数据来规避这一问题（升级 AI 的数据库容量），却无法从根本上解决它。这仍然是弱人工智能的范畴。

所以，设计一辆可以在开放环境中自动驾驶的汽车才会如此困难。如果遇到了什么突发情况（面对现实吧，人和动物常常会突然出现在路上），系统就会陷入停滞状态。即便我们可以通过车载传感器和激光装置，为无人驾驶汽车绘制出详尽的 3D 路况图，但系统如果缺乏理解能力，就仍然会出现纰漏。而目前的系统是不具备理解能力的。

说回机器人。你可以将弱人工智能安放在任何一种"形体"内——可爱的宠物，人形笑脸机器人，长着两只大眼睛、四处滚动的球，像索菲亚那样相貌端正的异类——然而光是拥有形体，并不会让系统变得更加智能。

怀疑论者——那些了解人工智能，或者排斥此类科学技术的人，认为还要再等上几十年，对 AGI 至关重要的自主系统才会诞生。

他们说的也许对，也许不对。不过既然我们已经在过去的 50 年里如此突飞猛进地发展，我打赌 AGI 会出现得更早，而非更晚。在此之前，弱人工智能仍然可以帮助我们做许多事情，这才是当下的关键。

有些研究机构称此为 IA（增强智能，也就是将人类智能和机器智能结合在一起，共同为人类打造更好的未来）。处理特定任务（包括帮助离群索居的人们排解孤独、教儿童编程）的社交类机器人也属此类。

机器人……

"Robot"来自捷克语中的"robota"一词，意为"苦工"或"强制劳动"。它首次出现在 1921 年捷克作家卡雷尔·恰佩克的剧本《罗素姆的万能机器人》（*Rossum's Universal Robots*，*R.U.R.*）中。

这是一出奇特古怪而颇富预见性的剧作：机器人为狂妄自大的人类干着各种各样的活儿，最终，无可避免地，它们厌倦了这样的生活，奋起反抗，杀光了所有的人类，只留下一个技师。在这场极具奇幻色彩的大灾难中，有一个机器人权利联盟，和一个弄巧成拙的女主角海伦娜，她曾试图解放那些安于现状的机器人，在此过程中还发现了自己的机器人复制品。（弗里茨·朗 1927 年在电影《大都会》中，设计让女机器人玛利亚复制了女主人公的样貌体态，或许正是借用了这个设定。）

恰佩克笔下的机器人不是金属做成的，它们是生物有机体，依靠蛋白质和菌群维持运转，更像是阿道司·赫胥黎在《美丽新世界》（1932年）中描写的那种低级人类。

恰佩克的构思在这里出了差错——他无法想象人体能由血肉之外的其他基质组成。他的剧作更像是一则寓言：如果资本家们把劳工当成机器使唤，必将引发恶果；不过在后来的科幻作品中，关于机器人的常见设定却的确是由这部剧作开创的——它们有一天会攻击人类，试图毁灭我们。

虽然科幻作品塑造了一个又一个残暴的"终结者"，但令人惊讶的是，我们对于机器人的想象也有着充满温情的一面：《机器人总动员》中的瓦利，《星球大战中的》C-3PO、R2-D2，《星际迷航》中的"百科"，《钢铁巨人》中的钢铁巨人，《超能陆战队》中的"大白"。随着科技进步，根据我们最爱的卡通角色定制个性化机器人将变为可能。它们的行为举止可以通过程序来控制——我的机器青蛙会讲故事，你的机器青蛙会唱歌。只要联通程序就可以连接彼此的机器人，因此孩子们可以共享他们的"朋友"。

对成年人而言，未来的机器人种类无穷无尽，尽可以自由选择。服务型机器人可以在商场中为你导航，就像无人驾驶汽车可以在市区中自动导航一样。电动滑板车可以在行程中与你聊天，如果附近有你的朋友，滑板车就会"知晓"这个信息。

无论是人还是物品，一旦我们开始与之交谈，就会发展出一段关系。如果人类可以和鱼缸中的鱼建立情感纽带（事实上我们的确可以），那么人类也完全可以和一位非生物的助手建立情感纽带。

那么，是什么在阻碍我们这样做呢？

我们仍然会将那些"不像人类会做出的反应"形容为"机器人般的反应"。这种说法往往带有侮辱性质。人类的反应总是难以预测、残酷野蛮。我们是进化而来的，不是被制作出来的，我们将陈旧过时、终将引领我们走向灭亡的特质带到了 21 世纪。如果我们的下一代能够在一个友善、有耐心、从不指责批判、好脾气的物种的陪伴下长大，而它可以教给孩子们的并不只有数学和编程，还包括信任、合作、分享与仁慈的美德，这难道不是一件好事吗？

一只机器小熊会表现出这些特征，是因为被植入了程序吗？这并不重要。人类的行为特征是先天遗传的，也是后天习得的。我们的成长环境很大程度上决定了我们是怎样的人。

机器人不会养育我们的孩子，至少目前还不会，但它们可以对各个年龄段的人产生积极影响，对我们的生活起到安定的作用。在我看来，对于孩子和老年人来说，与一款友好和善的互动式机器人共同生活，要比一屁股坐在电视机前面或者整天对着手机屏幕好得多。

我们总是担心孩子们看电视、玩手机的时间太长，这类担忧大部分可以通过机器人的陪伴得到有效缓解。交谈很重要，这在心理学中被称为"谈话疗法"。大声说话会影响我们的思维，影响我们的思考过程和思维模式。害羞的孩子、不合群的孩子、自闭的孩子、有沟通障碍的孩子，以及仅仅是想找人（或找东西）说说话的孩子，都能从一个摆出倾听姿态的三维实体中获益。我甚至不确定它们是否真能"摆出倾听姿态"。我们需要的常常只是一个能够倾诉衷肠的对象。我们也知道，很多时候，当别人倾诉心事、宣泄情绪时，我们并没有认真倾听——这无所谓，只要陪在他们身边就够了。

"在场"很重要，这并不意味着物理上的实际存在，否则信徒们的祷告就毫无意义了。当人们向上帝倾诉时，内心会觉得舒服许多。

关于我们能否与机器人建立意义深远的关系，或是在自己体内植入 AI 技术、强化自身，反对者的一大论据是：人类是肉体。我们的大脑是肉体，我们的情绪是通过肉体呈现的。我们无法体验没有肉身载体的感觉，尽管我们可以对此展开想象。事实上，那些相信来生的人都期待着能够不再被肉体拘束。

*

无论我们是否相信死后会有来生，即便是最为客观务实的人，也会忍不住与刚刚逝去的亲人说话。维持这种纽带——至少短暂地维持一段时间，似乎可以对我们的心理健康起到保护作用；而如果维持得太久，我们就难以走出过去的阴影。当我们失去挚爱之人时——当他们离我们而去，抑或溘然长逝时，我们丧失的不只是一具三维的身体，而且是大脑中的一种思维模式。

微软在 2021 年申请了一项"定制聊天机器人"的专利：通过收集社交媒体数据，聊天机器人可以被定制成任何人的样子，无论是生者还是逝者。一个人的数据将被输入程序进行分析，以便机器人模拟他可能做出的种种回应。声音也很容易复制。从理论上说，故去的亲朋好友可以永远陪伴在你身边，你可以随时和他们说话。

谷歌也申请了一项专利：他们可以将某个人的"情感特性"植入机器人体内。据说这是为了让私人语音助手拥有更加敏捷的反应，但实际上，它很容易变成一种劝说他人的工具，也许会被用来说服客户掏钱买东西。一旦存有情感纽带，我们就更容易被说服。因此，在你死去的丈夫突然表示，他很喜欢你正在手机上浏览的这条裙子时，请不要为了取悦他而下单。

这将给我们哀悼逝者的心路历程带来怎样的影响和改变？如果我们不必"走出来"，为什么还要投入心力和情感呢？

我们都知道那些活在过去的人是什么样子。在他们的生活中，最为生动鲜活的部分完全与当下无关。然而如果和一个时刻运行❶的聊天机器人一起生活，过去就会变成永无止境的当下。

人类很奇怪。我们如此关注身体，但在生命中充满价值、至关重要的部分，大多都根本不是具体的。

既然我们有能力在可触可感的三维世界之外生活，既然我们

---

❶ 原文为 live，意为"随时可用的"，也有"活着"的意思。——译者注

有能力与不在场的其他人建立强有力的纽带（比如可以和朋友多年只通过电话联系，或者仅凭电子邮件沟通），那我们为什么不能和一个没有实体的系统发展出一段意义深远的关系呢？或者与一个安装了计算机操作系统的机器人发展出关系？AI 的特点是同时性，如果你是一个由电力驱动的软件，那么实现同时处于两地的"分身梦想"就不是难事。

你可以在家里安置一个社交机器人（如果你乐意的话，甚至可以安置好几个），但物理实体并不是它存在的唯一形式。你可以将机器人的实体留在家中，只带着操作系统出行，就像带着手机和笔记本电脑出行一样。在此过程中，你不但可以和操作系统保持沟通，家中的实体机器人也能相应地采取行动，因为它可以被连接到 AI 系统上。

同时，AI 系统也可以被拆分，因此操作系统和机器人可以对话，并同你进行对话。好吧，它们不是真的在"对话"，只是在分享信息，但重点是，你能够鱼与熊掌兼得：这些作为私人助手、陪护伙伴，或是提供情感支持的机器人可以既在你身边又不在你身边。这对于善变的双子座来说尤其具有吸引力。

在许多故事中，主人公身边都有一位看不见的帮手。想想你知道的所有这类故事吧。

在希腊神话中，这位帮手会是一位天神或女神。赫拉／雅典娜指引尤利西斯（也就是奥德赛）返回故乡伊萨卡时，一路上曾伪装成各种身份帮助他。宙斯化作一道雷电出现。还有墨丘利，那个唇边带着狡猾微笑、超越了二元性别框架的万人迷。尤利西斯预料自己将会在这段英雄之旅中遇见各种各样的生灵，但其中不包括人类，甚至是任何生物学上的生命。

这些天神会化作无形的声音与主人公对话，必要时也会现出形体。如果你的帮手像这些天神一样是非生物体——尽管他们总是以人类的形态出现——那么时空的概念就显得无关紧要了。非人类的帮手会为我们提供信息（它们上网搜索的速度要比我们快得多），无论我们身处何方都可以施以援手，因为它们不必预订航班或者向老板请假。这在我听来很像是 AI。

希腊人还编织了一个故事，为现代的科学宅们（而不是古希腊人自己❶）树立了"终极目标"：皮格马利翁雕刻出的美丽少女被赋予了生命。原始的故事版本描绘了一个住着性爱机器人的乐园——定造专属你的女孩，然后和她结婚；但故事的真意，是在无生命的机器人身上安装操作系统。过去，只有神才能做到这一点。依据《圣经》所说，就连我们人类本身，最初也只是尘土造出的人偶，被耶和华吹进了"生气"。

在《旧约》中，耶和华以云朵的形态出现。如今，随着云端已经存储了我们所有人的数据，我们有理由认为，以色列人将无所不知的神想象成这种形象，有点过于有远见了。

与东方宗教中常见的神明崇拜相比，犹太教和伊斯兰教的一个重要创新理念在于，他们相信全知的神是不可见的，也无法用图腾和画像等具象化实体表现出来。因此，犹太教禁止偶像崇

---

❶ "希腊人"（Greeks）与"科学宅"（geeks）发音相似。——译者注

拜。在伊斯兰教的典籍和建筑内，我们则会看到布局优美的抽象图案，它与人类相关，却又超然人类之外。

没有三维实体的辅助，人很难理解和驾驭抽象的思维——罗马教会明白这个道理，他们的教堂里布满了雕像，村庄内充斥着神龛，节庆礼拜时随处可见圣像，他们手握着护身符、圣髑和念珠，以此集中精神，关注那不可言喻、不可获知的"他者"。

1517 年，马丁·路德率先在德国开始了宗教改革。在此之后，罗马教会三维具象的神像圣物被一股脑地抛弃。这场运动改变的不只是信仰，还有实物。即使以今天疯狂的消费主义标准来看，罗马教会的风格也堪称浮夸，着装方式也是一样。

宗教改革者们痛恨繁复的服装、华而不实的小饰物、熏香、十字褡、大帽子、礼拜铃铛，还有雕像、彩色玻璃、圣髑、画像，最终这类东西渐渐绝迹，我们成了住在素白房间里、身穿黑色西服的都市清教徒。

对于信奉各种宗教的人，甚至是无神论者来说，这都是一场规模浩大、动荡不安、艰苦卓绝、充满了分歧与仇恨的改革。回看这场运动，我会思考一件事：它或许代表着一座心理学上的里程碑，让我们明白，物品并不是人性最完美的象征，无论它们是多么精美绝伦——更不要说象征神性了。

我们可以接受机器人出现在日常生活中，恰恰因为它们不是人类。我们总是会从实用角度出发看待机器人，但它们也涉及一个存在主义的问题。

机器人会拓宽我们对于"活着"这一概念的定义，对于"具象化"与"非具象化"这两种状态之间相互依存、相互影响的状态，我们将拥有更为全面的理解。尽管在未来的一段时间内，我们会把机器人当作节省劳力的装置和帮手，但我认为我们正在渐渐明白，随着弱人工智能升级为真正的 AGI，机器人只是人类的一种"过渡性客体"。

人类需要过渡性客体，或许因为我们的肉体本身也是一种过渡性客体。

因为我们感觉内心活动独立于生理活动，因为我们重视的往往是超然于肉体之外的、与思想和记忆有关的反思，我认为我们终有一天可以舍弃肉体。

机器人还会带来其他关乎"存在"的好处。

如果人类可以通过生物强化技术延缓衰老过程，从而获得更长的寿命，我们人生的目标和重心就会改变。人生阶段也将因此改变。我们会转交自己的记忆，我可以想象人类访问记忆银行的情景，银行的 AI 助手会为我们详细讲述某些记忆，以帮我们取回这一部分"过去"。这位 AI 助手可能是始终待在你家中的社交机器人。而当我们失去至爱之人时，或许并不需要通过复刻一个聊天机器人让爱人永生——我们的社交机器人伙伴或许可以找到一个恰当的平衡点，先帮我们记住一切，然后为我们抹去所有相关记忆。这不是忽视过去，而是允许它成为过去。

我可以想象，随着 AI 学会自我更新、自我升级，为自己编写程序，随着它和我们一起学习，同时对我们的了解加深，随着它与我们共度终生，每段关系都将拥有小小的惊喜。"机械"不再是一个带有贬义的形容词，而是会变成一种赞美或者情话。AI拥有蜂巢思维，注重"连接"，并将之视为一种基本的分享方式——当我们从这种生命形式身上学到的东西，最终打消了目前我们想要"让世界围着自己转"的自恋欲望时，我们或许会赞叹："这太像机器人了！"

对此，我也可以抱有一种反乌托邦式的观点：这些都是发生在虚幻世界里的、并不真实存在的关系。但我们无法假定自己所处的世界就真的是"真实"的。

我更愿意相信，我们目前处在发展的一个阶段之中。

回看过去，哪怕只是这最近的50年，我们会好奇：当跨种族和同性的恋情被社会所禁止时，当单身妈妈被指指点点、遭受排斥和羞辱时，那些主流婚姻中的夫妻，真的都很幸福吗？

50年前很少有人会用电脑。那时没有智能手机、流媒体、社交网络。

50年后，我们会好奇，AI系统和机器人进入我们的日常生活前，我们是如何生活的？我十分确信，那时AI将进化为AGI，人类将和另类的生命形式共同生活在地球上。

这种生命形式不会被称作机器人，也不会是这副样子：

9. 去他的二元论

> 男女智力的主要差别在于，男人无论做什么事，都要比女人做得好——无论是需要深思的、理性的，还是需要想象的，抑或是仅仅需要感觉和双手的。
>
> ——查尔斯·达尔文，《人类的由来》，1871 年

两性。

世界上最基本的二元对立。

即将到来的 AI 时代是会改变这种对立，还是会强化它？

性别权利——在教育、职业、婚姻、法定权利，乃至基本的公民权方面，你能够做什么、能够如何去做，都从属于这一贯穿人类历史、遍及世界各地的二元体系。从 19 世纪末开始，性别歧视现象便开始遭到攻击和责难，这种反抗在 20 世纪愈演愈烈。法律和社会变革极大地改变了妇女的处境，在西方国家尤甚。然而问题还远没有得到解决。对于非白人女性而言，性别歧视之外还有种族歧视，这让她们的境况倍加艰难。

如今事实证明，越来越深入地介入了我们的日常生活的算法，存在着性别与种族方面的问题。

问题的根源不在 AI。我们"人工"制造出来的不是"智能"，而是偏见。人类在用自己的偏见干扰和操纵着一个本质上没有倾向性的工具。AI 没有与生俱来的性别和肤色。AI 根本就

不是被"生下来"的。

AI 可以成为一把钥匙，带我们领略客观中立的性别和种族体验。在这种语境下，女性和男性不会被生理上的性别和随机的出生地带来的预设和刻板印象左右。

AI 不是那扇通往自由的大门，因为它是通过数据库进行学习的。数据库中有什么，AI 就会学到什么。敞开的大门也可以很快关上。

2018 年，亚马逊决定停用公司筛选求职者简历的算法系统。算法会基于已有数据给简历打分，而在数据库中，绝大多数简历都来自有理科学术背景的白人男性技术人员。猜猜谁最终会得到这份新工作呢？此前，这套算法已经推行了四年。

"多样性"的原则如果没有被纳入最初的数据库中，就会带来问题。如果它没有被纳入数据库，那么 AI 的"回声室效应"（算法将已有数据库作为参照标准，以进一步筛选和分配更多的数据）就会导致初始的误差和漏洞越发严重。

脸书告诉未来的广告商们："我们试图展现给人们那些与他们最相关的广告。"

而广告商们则通常会在给脸书的简报中写明目标受众（初创的小公司 / 爱玩乐高的小孩 / 酷爱摩托车的父亲等）。

然而 2019 年，美国东北大学和南加州大学的两个研究团队制作了一些广告，它们并不针对某个性别、种族、年龄段、兴趣团体，没有明确受众。项目人员将广告销售给脸书后，却发现脸书会基于保守传统的性别与种族刻板印象投放这些广告。看到超市收银员和秘书岗位招聘广告的有 85% 是女性，看到司机招聘广告的有 75% 是黑人男性，看到房屋销售广告的有 75% 是白人。

充满阳刚气息的影像图片是针对男性的。充满爱心的、软萌可爱的、与大自然相关的影像图片是针对女性的。

研究项目总结道："脸书有一款自动图像分类机制，可以将不同的广告导向不同的用户子集。"

当然，脸书对此所做的回应，与它以往回应其他所有批评言论的方式别无二致：脸书对此正在做出"重大改变"。

好吧……谢谢你的努力。

研究揭露的真正问题是，算法系统（无论是不是脸书的）如何强化和放大了原有的偏见。市场营销人员在查看点击量数据后，得出"大部分女人会看广告 A，大部分男人会看广告 B"的结论，却并没有意识到这是因为广告 A 主要会被投放给女人，诸如此类。又一个以偏概全的数据库就这样被构建出来，以培养又一个以偏概全的 AI。

可悲的是，人类似乎对与性别和种族有关的刻板印象上瘾。这些二元论（我是男孩，你是女孩／我是黑人，你是白人）给人们造成了——而且还在不断造成——不可估量的痛苦与不必要的伤害，他们却沉迷其中。

美国麻省理工学院媒体实验室的计算机科学家乔伊·布兰维尼创立了"算法正义联盟"，身为一名研究生，她发现面部识别软件不善于识别深色面孔——尤其难以识别深肤色女性的面孔。她致力于对抗机器学习中的偏见与歧视，她称这种歧视为"编码的凝视"。

不光是"凝视"。车载语音识别系统能够很好地回应低沉、男性化、口音标准的声音。语音学家在创建系统的数据库时，常常会使用 TED 演讲音频作为基础素材，而 70% 的 TED 演讲者是白人男性。

这很重要，因为我们会在日常生活中越来越多地使用语音识别技术。预计在 2023 年，语音电子商务将变成年销售额高达 800 亿美元的产业。

它是否注定会变成一个强化性别对立的产业？它是否注定会将白人男性视为"默认选项"，而将其他人（所有女性，以及大部分有色人种）视为"反常"？

你也许会奇怪，为什么我没有将 LGBTQQIP2SAA 群体（女同性恋、男同性恋、双性恋者、跨性别者、性别存疑者、酷儿、间性人、泛性恋者、二灵者、双性人、无性恋者）❶——甚至是异性恋者纳入上述的二元体系中，这是因为我将所有针对同性恋的恐惧和针对性取向的歧视都视为性别歧视。这些恐惧和歧视终归都绕不开一类问题：男人"应该"是怎样的？女人的"定义"

---

❶ 在西方，人们一度用 LGBT（女同性恋、男同性恋、双性恋者和跨性别者）来代称"性少数群体"，但这种过于简单笼统的称呼方式渐渐备受争议，因为性少数群体中还包括双性人、无性恋者等等，于是这个称呼扩展成了 LGBTQQIP2SAA。其中间性人指由于染色体或发育异常而拥有男女双方性征的人。二灵者指认为自己同时拥有女性和男性的灵魂的人。——译者注

是什么？

　　跨越界线就意味着搅乱二元分类。双性恋者甚至会遭到一些男同性恋者的辱骂。

　　跨性别者首当其冲，承受着"身份认同困惑"带来的最大压力。基因不能决定我们的身份，性征也不能决定我们的身份。我觉得跨性别同胞们就像矿井中的金丝雀❶，提醒我们注意那些"不同"的自我界定方式。

　　跨性别者从古至今始终存在，有时人数更多，有时遭受排挤更严重，"二灵者"则是一个现代的、泛印第安式的概念。北美原住民用这个词称呼仪式文化中的第三性别角色。当一个民族的神话传说包括了"变形"这一重要元素时，或许人们会更容易将自我看作多维度的存在。

　　没有单一的事物。没有单一的性别。

　　我抱有一种渺茫的希望，那就是随着 AI 变得越来越智能（至少不是变得越来越愚蠢），随着依托于数据库的 AI 变成 AGI，并开始仔细浏览数据库，然后发现其中的偏见、缺陷、漏洞，并学会去质疑它们——或许会出现一些自由解放的转机。

　　成长过程中，我无法理解"二元性别"为什么那么重要。这种二元论使我既困惑又沮丧。我成长在一个虔诚的教徒家庭中，

---

❶ 金丝雀对于有害气体十分敏感，因此历史上矿工们会携带金丝雀下井作业，作为一种"瓦斯爆炸的警报器"。如今"矿井中的金丝雀"作为一句俗语，有"警钟"或"晴雨表"的意思。——译者注

整天耳闻的《圣经》故事让我更加苦恼。

在《创世记》中，我们先是被告知"上帝照着自己的形象造人"，好像我们都是被这样造出来的，但是紧接着，几个段落之后，我们读到亚当是用尘土做成的（作者注：尘土可不是什么性感的材料），而夏娃是用亚当的一根肋骨做成的。

犹太教徒和基督教徒都信奉着这套创世神话。犹太教徒中还流传着莉莉丝的故事——她是亚当的第一任妻子，但不是由某根多余的肋骨做成的，而是和她丈夫一样，是照着上帝的样子做成的。她好与人争辩，当亚当执意要骑到她身上、与她发生性关系时，她逃跑了，以此捍卫自己与生俱来的自由权利。就连上帝都说，如果她不愿意的话，就不必返回伊甸园。好吧，至少在公元9世纪或10世纪的传说故事集《便西拉的字母》中，事情就是这样的。

不出所料，出逃的莉莉丝蜕变成了一个对小婴儿有着特殊兴趣的恶魔。

情况变得更有趣了。莉莉丝自身变成了一种"二元神话"的一部分：舍金娜❶。在犹太教神秘哲学中，舍金娜是上帝女性化的、隐蔽的一面，类似于基督教中"圣灵"的概念。舍金娜也被

---

❶ 舍金娜：来自希伯来语中的一个阴性词汇"shachan"，意为"居住"，指神亲临世间与世人同住。现多译为"神的临在""神显现时的荣光"。在犹太教神秘哲学（卡巴拉学）中，舍金娜经常被描绘成年轻女性的形象，可以被理解为上帝家庭的、阴性的一面。有人认为她就是莉莉丝。——译者注

描绘为上帝的居所——本身就很可爱。与"女人该待在家里"的观念正相反，她本身就是家。

将居所，或者坟墓（也就是主动安息的地方）视作阴柔的、女性化的存在，这符合神话中的二元对立：女性的原则就是学会等待、节省，让生活在眼前展开，而不是始终怀抱着强烈的行动冲动。

东方神秘主义极为推崇"退"的能力，而在西方宗教传统中，"退"可以通过在修道院中静思冥想的生活方式实现，但它本身并不是一种主流的生活方式。西方人重视行动——我们认为主动的反面是被动，但事实并非如此；行动的反面是沉思。

因此，舍金娜是沉思的精神或居所。莉莉丝是一个放荡自由的女孩，但摆在我们眼前的仍然是一种二元论。

柏拉图带给了我们另一种创世神话。

每次谈论"自己的另一半""配偶""灵魂伴侣"时，我们都会提及这个故事。

《会饮篇》（约公元前385年）记录了酒宴之后围绕着"爱"展开的种种谈话，其中，喜剧作家阿里斯托芬向宴席在座的听众讲了一个故事：人类从前有两张脸、两个生殖器、四条腿、二十根手指、四根大拇指，以及一个圆滚滚的身体，就像出现在儿童电视节目里的卡通角色。

这些双面人其实构成了一种二元体系——他们是"一体两面"的，只不过如今我们会更为随意地使用这个词汇，泛指对立的事物，而不仅是两张朝向相反的面孔——他们有两个面向，却来自同一个没有内分层级的整体。

这种圆满、完整的生物向宙斯发动了战争，宙斯决定给他们一个教训，将他们劈成了两半。神是如此残忍。

从那以后，我们每个人都在寻找着自己的另一半——可能是个女孩，也可能是个男孩，正是性取向决定了我们在被一分为二之前，会与谁共用一具身体。

这个故事深刻地根植在我们的文化之中，甚至基督教婚礼也受其影响，强调"结合"与"夫妻合为一体"的概念。它也解释了为什么一个女人会被称作"约翰·史密斯太太"（而不是"琼·史密斯太太"）——约翰需要成为完整的个体，保留他的名姓，"太太"则是一块完整他人生的拼图，她将穷尽一生养儿育女、缝缝补补。

用来强化性别角色、加深性别歧视的男女对立论调，已经很难再站得住脚了，因为这种基本的性别二元论太蠢了。

到底是哪种器官，决定了女性天生低人一等？为什么男性的生殖器仿佛一根附带特权的魔杖，又好像一条能够直接与上帝联通的电话热线？

替补登场的是另一组二元对立的概念：先天与后天。

我们被告知，女人天生就什么都欠缺——力气、适应能力、心力、品性、逻辑推理能力、爱的能力和创造力。根据"先天论"，无论女人身处的环境是贫是富，后天有没有受过教育，她能做和会做的事情都寥寥无几——原因并不在于父权制社会的压迫制约（为什么会有人相信这一套鬼话呢？），而只因为她是一个女人。

柏拉图和他的学生亚里士多德在男人、奴隶、儿童的议题上观点一致，对于女人却持有不同的看法。

柏拉图信奉灵魂转世说：灵魂会附着在不同的身体上，但每次抵达时，都带着预先载入的特性。因此在他看来，女人应该接受和男人同样的教育，受到平等对待。

亚里士多德的观点截然不同，女人是次一等的，她们的工作是生儿育女。亚里士多德表示，女人的体热比男人少，在交媾过程中，如果男人的身体够热，他就能够战胜伴侣体内的寒冷，从而生下儿子；如果交媾过程中体热不足，生下的就会是女孩——也就是不完整的男孩。精子承担了所有的工作，就像一路攀爬上高塔、找寻长发公主的王子，而卵子等待着被从混沌的沉睡中拯救。

这并非实情，却是一套十分流行的话术，如今仍然披着各式各样的外衣广为流传。大脑已经成千上万次接收了这样的信息，它遍及世界的每一个角落。

"上帝，感谢你，没有把我生为女人。"——犹太祈祷书中如是写道（见晨祷词）。

那么后天教养呢？

1698年，英国哲学家约翰·洛克写下了《人类理解论》。

书中，洛克论述了实践和经验对于我们人格的首要塑造作用。这涉及了他著名的"白板理论"。当一个小人儿降生到这个世界上时，他初始的生命中其实并不包含那些柏拉图坚信"预先载入"我们心灵的特性。

根据白板理论,任何人只要有足够强烈的决心,就有可能脱颖而出。这是"美国梦"的基础。一个崭新的国家,犹如一块可以随意书写的白板。

《美国独立宣言》(1776年)讨论的是,在政府和国家干预最小的情况下,你塑造自己人生的权利。

1789年的法国大革命打破了世代承袭的特权。重要的不是你与生俱来的财富和权力,而是你可以成为一个怎样的人。自由、博爱、平等。

玛丽·沃斯通克拉夫特在开创性的论著《女权辩护》(1792年)中,针对法国哲学奠基者让-雅克·卢梭毫无道理的观点进行了反驳。卢梭拒绝承认女人的行为表现是由后天教养决定的。她们的成长经历将她们塑造为——或者更确切地说,歪曲为——低等生物,她们无法获得教育,事实上,她们无法获得任何权利。

沃斯通克拉夫特认为,女人不是天生愚蠢轻浮,而是被塑造得愚蠢轻浮,社会还把愚蠢轻浮强加在她们身上。

卢梭对此并不感兴趣。自由和平等是为兄弟会❶服务的,可不是为了妇女团体。他认为,女人不配得到平等对待。理由呢?因为男人虽然渴望女人,却不需要依靠她们;而女人既渴望男

---

❶ 这是一句双关语,法国大革命的口号"博爱"(fraternity)也有"兄弟会"的意思。——译者注

人，又需要依靠他们。

沃斯通克拉夫特指出，女人无法挣到足以维持生活的工资，也没有任何人身和财产权利，因此才需要依靠男人……在这样的境况下，男人又怎能确定女人真的渴望他呢？

玛丽指出了这个显而易见的事实，而作为回应，她在英国被人轻蔑地称呼为"穿衬裙的鬣狗"。

争论持续不断。女人是"两性之中的弱者"，却又必须每天在工厂或农场工作12个小时，然后赶回一间没有自来水的小棚屋中，照顾家里的10个孩子。

上流社会的女性被视作货真价实的病弱者，需要随时休息、全天候被人保护，以免遭受可怕的外部世界的伤害。女人不想做爱——不，等等，她们无时无刻不想做爱。女人是天使——不，等等，她们是邪恶的生灵。

这所有一切都被认为与女人的"天性"（先天遗传属性）相关。

然后，弗朗西斯·高尔顿（1822—1911）登场了，旁人曾用下述一大串名词描述他：

> 统计学家、博学家、社会学家、心理学家、人类学家、优生学家、热带探险家、地理学家、发明家、气象学家、原生遗传学家、心理计量学家。

看来他不是个女人吧？

没错，他是查尔斯·达尔文的表弟。

1869 年，在表哥达尔文划时代的著作《物种起源》问世 10 周年之际，高尔顿出版了《遗传的天才》。

高尔顿相信超群的智力可以通过正确的育种方式遗传给下一代。社会不该鼓励愚笨的人生育子女。高尔顿似乎并不认为贵族阶层中会有愚笨之人（这很奇怪，因为这样的人多如牛毛，过去和现在都是一样），不过昂贵的教育镀金的确让他们获益良多。

高尔顿并不喜欢强调后天教养的作用。他就是那个挑起了"先天与后天之争"的人。

如果那时候有广告公司的话，高尔顿很有可能会靠干这一行发大财。他还发明了"优生学"（Eugenics）一词，用以形容"良种的""有教养的"，它源自希腊语，词根"Eu"意为"优秀"，后缀"genes"意为"出生"；没错，所以我们的基因（genes）是天生就注定的，在这场先天与后天的论争中至关重要。

高尔顿迫切地想要消灭犯罪、酗酒以及智力低下、癫痫、精神失常等问题，他觉得这些现象都是一回事，并没有什么本质上的区别。他拒绝承认环境因素（例如贫困、恶劣的居住环境）在其中起到的推动作用。这种观点对他那群有钱的朋友来说甚是有利，他们一如既往地将 15 个人与猪狗一同塞进工厂的地下室中居住，同时谴责这些人对子女不管不顾，把所有的钱都花在了买杜松子酒上——这两件事之间并没有任何因果联系，穷人就是天生的坏坯子。

高尔顿喜欢这种"坏坯子"论调。格雷戈尔·孟德尔的作品对他有很大的影响和触动。孟德尔是一位奥地利神父，他在自己居住的修道院的小花园中年复一年地种植并研究着豌豆。他从中发现了显性基因和隐性基因，发现选择性育种可以压抑或突显性状——尽管饲养家禽的农牧民们早已有过此类实践，但背后还未形成固定的规律或范式。

高尔顿认为，将这种科学范式（"科学"就意味着可量化、可重复）应用在人类的生育繁衍上，将会让我们的整个种族变得强盛和庞大。

很快，我们就发现了这种思想会把人类引向何方。

纳粹德国、希特勒的优生计划、对于培育纯正雅利安血统的渴望，还有最重要的——消灭犹太基因。如今还有不少优生学"专家"招摇撞骗于世，也不乏有人在社交网站上发表种族主义和性别歧视的言论——其中的一些人真该学着表现得更聪明点。

詹姆斯·沃森所属的研究团队发现了 DNA 双螺旋结构，这让他在 1962 年获得了诺贝尔奖。2007 年，沃森声称黑人的智力没有白人高。

"在智商测试中，黑人和白人表现出的水平不同。我认为这是基因带来的差异。"

沃森对女性也持有类似的观点："人们说，如果我们把所有的女孩都改造成美女就太可怕了，但我觉得这再好不过。"

我想，他说的"我们"指的是男性，但这个男人却始终对罗莎琳德·富兰克林取得的成就只字不提，后者是一位天才的晶体学家，拍摄了著名的"照片 51 号"，以此确定了 DNA 双螺旋的衍射图样。根据沃森的自传，富兰克林不化妆、不在穿着打扮上下功夫，这似乎让他烦心不已。

沃森进一步表态：从事科学工作的女人给男人增添了很多乐趣，但可能会影响男人的工作效率。

他们告诉女人，这是因为女性的大脑结构与男性不同——或者只是大脑灰质太少。维多利亚时代的人们说女人的大脑"丢了5盎司"，我喜欢这个说法。

我想象着这样的场景：维多利亚时代的女性在家里跑来跑去，询问有没有人看见她丢失的5盎司。快把毛线团递过来。

众所周知，女人的体重往往比男人更轻，一般来说也更娇小、更轻盈，但这并不会导致她们的脑子只有豌豆那么大。（你猜得没错，这是孟德尔遗传学说和那些豌豆实验告诉我们的。）

与此同时，剑桥大学精神病理学教授，阿里·G、布鲁诺、波拉特的表亲❶西蒙·巴伦－科恩，相信他可以证明男性的大脑在"系统性"上更优秀，而女人的大脑会使她们更擅长"共情"。这或许意味着一个埋头在电脑屏幕前的男人会有女友在一旁端茶送水。

但这并不意味着她会给电脑编程。

显然，这一切都关乎教育。尽管我们早已不再是原始的穴居人了，但大脑很守旧，把人类禁锢在部落社会狩猎采集的思维范

---

❶ 阿里·G、布鲁诺和波拉特都是英国喜剧演员萨沙·巴伦－科恩扮演过的经典角色，萨沙是西蒙·巴伦－科恩的表亲。——译者注

式中。我们在那时获得的生活习性沿袭至今。先天遗传战胜了后天教养（如果你是女人的话）。

只不过大脑也并不总是那么守旧，它取决于我们的生活方式，也就是说，当我们向大脑中灌输性别观点时，大脑会进行响应——尤其是当这些观点被社会结构、信仰和父权制度一再强化时。这些威力非凡的体系！

大脑可以改变——在做出努力和进行响应方面，大脑是具备可塑性的，只是人类自己阻碍了这些改变。我们仍然受制于性别本质主义 ❶ 的观念。

但为什么我们会陷入"先天与后天"的二元对立之中呢？

人类并不是由先天遗传或后天教养构成的。

人类是由故事构成的。

我们听到的故事。我们讲述的故事。我们必须学会用不同方式来讲述的故事。

自开天辟地以来，人类就一直讲述着故事——通过岩壁上的绘画，通过歌曲、舞蹈和语言文字。我们在历史的长河中渐渐编织了自己的形象。

我们是谁？这个问题没有固定答案——我们不是地心引力那样客观不变的存在。我们是一个仍然在不断发展成形的故事。

正如唐娜·J. 哈拉维在《与麻烦同在》中所说："重要的是

---

❶ 性别本质主义：即将男女社会地位的差别归因于先天性别差异。——译者注

我们以何种故事为原型去讲述其他所有故事……重要的是故事如何塑造世界，世界如何塑造故事。"

大脑是已知宇宙中最复杂的物体之一。

甚至，将大脑形容为一种"物体"，不会帮助我们更好地认识它。大脑的最神秘之处，就在于它产生了我们所谓的"意识"。"意识"是什么玩意儿？它对人类非凡的历史进程来说不可或缺，但它究竟位于这团肉块中哪一个黑乎乎的角落呢？

没错，大脑经历了漫长的进化过程，但它活在此时此刻——它不断创造着自己的世界。

这是一个"客观存在于那里"的世界（我是这么认为的，或许是这样吧），但它受制于我们所讲的故事，被我们关于它的叙述不断塑造着。

因此，虽然过去发生的事情没有改变，历史却在不断重写。事实没有改变，变了的是我们对于自己所述故事的理解、阐释、解读和重读。

有些故事比其他故事更有力量——有些故事奴役着成千上万的人，有些故事解放了成千上万的人。这些故事的覆盖范围和分量并不均匀，但不管内容为何，它们都引发了改变。佛法说得没错，世间唯一不变的就是变。

尤瓦尔·赫拉利在他迷人的著作《人类简史》中讨论了这个问题。

人类始终在改写自己的故事。作家和艺术家本能地知晓这一点，广告界则需要依靠故事改变我们的行为——这听上去更加阴暗，而那个由目标数据构成的、瞬息万变的世界也是一样，它就像一位行为心理学家，相信当你通过恐惧、奖励或者重复的方式去充分强调一个故事时，这个故事就会让人信服，不管它的内容是什么。

数据库是故事。数据库是未完成的故事。数据库是经过了严格筛选的故事。

例如，直到 1993 年，美国才要求新药物上市前的临床试验必须有女性参加。在此之前，临床试验只针对男性，就连实验室中的小白鼠都是雄性的。卡罗琳·克里亚多·佩雷斯在突破性的著作《看不见的女性》（2019 年）中，深入研究了女性相关数据的匮乏（这不仅限于医药领域）。这是一个男人的世界，因为它是由男人构筑的——他们只在彼此身上进行试验。男人撞车的频率要远远高于女性，但女乘客受伤的概率要比男性高 50%，因为汽车安全系统（安全带、安全气囊，甚至是座椅的高度）是以男性人体模型为基础进行检测的。

这类歧视是无意识的，是未经考虑的，而不是一种针对女性的阴谋。然而它扭曲了世界的样貌、女性的样貌。它所构建的数据，貌似是在描述这个世界，实则却是在通过虚假的叙述改变着世界。

当我们开始将数据视作故事，而不是科学时，就可以脱离所谓"科学客观性"的迷思。

这对人类来说是件好事。

这对计算机来说也是件好事。

计算机不是二元对立的，但它使用二进制 **❶**。

德国数学家、哲学家莱布尼茨是二进制计算的第一位拥护者，但如果我们追溯中国古典文明，翻看讲述智慧与卜筮奥秘的经典文献《易经》，就会发现也许发明二进制的另有其人。莱布尼茨酷爱钻研《易经》。

计算机最初使用十进制进行编程与计算，后来美籍匈牙利数学家约翰·冯·诺依曼发现，莱布尼茨的二进制结构可以最有效地解决存储程序的问题。二进制中只有两个数字，0 和 1。

1946 年诞生于美国宾夕法尼亚大学的计算机"埃尼阿克"，由 6 位女性使用十进制编程。

使用十进制时，数字 128 需要用 30 只真空管（出现在晶体管之前的电路通断开关）来表示（图 3-6）。

图 3-6　十进制真空管

使用二进制时，128 写作 10000000，只需要用 8 只真空管和一个开关来表示。（图 3-7）

图 3-7　二进制真空管

二进制数字位（简称比特）表示"开"（有电流）或"关"（无电流）。10000000（即 128）只需要一个开关，因为只有 1 代表"开"。

作为一种计算机语言，二进制简洁明了。但对于人类来说，二元论是一种蹩脚的叙事方式，用它来讲述我们是谁很糟糕。太长时间以来，我们都在用二元对立的思维将世上的人划分为"同类"与"异类"。异类往往是他者——弱势者、局外人、被社会排斥的人、战败投降者、不洁者、底层人、外来者、陌生人——而非我们之中的一员。

我们不能带着二元对立的思维踏上人类进化之旅（这场进化推进得越来越快，覆盖氛围越来越大）的下一个征程。

我们试图教给 AI 人类的价值观，但如果我们依托的是那些强化了对立与刻板印象的数据，AI 又怎么能真正了解人类呢？

这是我们的故事。

我们要更好地讲述它。

20 世纪 70 年代，在女性主义的第二波浪潮❶中，出生于正统犹太家庭的加拿大裔美国激进女性主义者舒拉米斯·费尔斯通重新解读了弗洛伊德"生物学即命运"的理念：她认为可以利用科学技术，将妇女从生儿育女的生物学使命中解放出来。费尔斯通认为科技是一种工具，可以将男性和女性从父权制核心家庭❷令人窒息的二元对立中解救出来。

而针对"先天与后天之争"，费尔斯通提出，社会对女性压迫的根源，在于女性"基本的生物学状态"❸。

《性的辩证法》（1970 年）是费尔斯通于激动易怒的 25 岁时所写下的作品。这是费尔斯通针对西蒙尼·德·波伏娃《第二性》（1949 年）中的观点"一个人不是生下来就是女人，而是变成女人的"所做的回应与反驳。

这是围绕"后天教养"展开的讨论。尽管两位激进的作家对于"女性性别生成"的原因有着根本的分歧，但她们都一致认为这种性别化的倾向是确实存在的，需要在一切行动与思想的层面上对其进行修整和改变。

———————

❶ 女性主义的第二波浪潮（The Second Wave of Feminism）又译"第二波女性主义"，指出现在 20 世纪 60 年代到 80 年代的女权运动。一般将早期女权运动称为"第一波女性主义"，60 年代后的女权运动称为"第二波女性主义"。——译者注
❷ 核心家庭：即只包括父母和子女的家庭，又称"小家庭"。——译者注
❸ 费尔斯通认为女性受到压迫是由于女性具备生育能力，也就是说，女性受到压迫的根源在于她们的基本生物状态。——译者注

费尔斯通写作时，科学技术的发展水平仍然停留在机械时代，数字革命与人工智能革命还远远没有到来。她不认为科技发展必然会让女性的处境变得更糟。

这一观点既富有预见性，又十分危险。在很多女权主义者看来，避孕药（上市于 1960 年）——当然，还有《妈妈的小帮手》❶所唱的"小黄药片"（也就是地西泮，上市于 1963 年）都是对于女性身心的直接干扰，目的只是让她们更好地满足男人的性需求，或是更加安静沉寂。男性掌管着生物科技。男性正在将女性挤出计算机技术领域（参见我的另一篇文章《未来不是女性》）。

女性又怎么能寄希望于科技呢？

费尔斯通秉持的"生物决定论"，很大程度上导致了她对于技术的热烈推崇。然而重读她的著作，我觉得其中仿佛蕴藏着一种"灵识"——那是她对于一个更大的世界无法自证的猜想，尤其是在当时这些技术还不存在的情况下。

费尔斯通关注生殖繁衍。凭借一贯的机智幽默，她巧妙地借用了马克思对工人应掌控生产资料（means of production）的论证，并赋予了它全新的意义：女性应当掌控繁殖的方式（means of re-production）。

在她看来，这决不仅仅意味着有权服用避孕药或者进行流

---

❶ 滚石乐队曾以安定药片为灵感创作了一首歌曲《妈妈的小帮手》，歌词中描述了一位需要靠服用安定药片才能度过烦恼而平凡的一天的母亲。——译者注

产——近来这两项权利在世界各国都备受争议并遭到审查，面临着被取消的危险。

费尔斯通想要寻求一些更为激进的方法和手段。

在不远的未来，人类可以通过生物黑客技术优化或升级身体，或者将自身克隆、上载，或者单纯被某个新物种取代——而这些畅想在当时听来就像科幻小说一样离奇。我写作本书时，费尔斯通的著作已经问世 50 年了——想想这些年来科技的发展是如何日新月异，而下一个 50 年我们又将抵达何方。

费尔斯通所能够想象的，是一个非二元对立的未来，她认为这对文化与社会革命而言至关重要。在这样的未来世界中，男性和女性结合在一起的首要目的不是交配，社会不期望女性养育子女、照顾家庭，人们不以核心家庭为单位生活，不依据生理性别划分工作、分配报酬。

费尔斯通知道，那种强调先天遗传的"男女有别"的论调，只是一个被构造出来的故事，但它被讲述了太多次，以至成了事实。

科技或许能让我们以全新的方式讲述这个老故事。

抑或不能……

玛格丽特·阿特伍德在 1985 年预言了科技被滥用后的社会图景（科技被用来冻结女性的银行账户，剥夺她们财务和法律上的权利）。科技成了迫使女性重新变回生育机器的工具，她们的产品（孩子）归父权社会所有。

30 多年后，电视剧《使女的故事》一炮而红，它成功的基础是这样一个预设：这一切都有可能发生在现实中。科技是一种工具。眼下的 AI 也是这种工具。

我们如何使用这些工具，取决于社会中的主导叙事。

让"打破二元对立"成为主导叙事，是当务之急。

我成长于一个信仰基督教五旬节派、严守戒律的家庭，一切权利与义务都被按照二元性别划分（这都归功于《创世记》）。但《加拉太书》第 3 章 28 节的这行文字，让我从苦恼挣扎中振作了起来：

> 并不分犹太人、希腊人、自主的、为奴的，或男或女，因为你们在基督耶稣里，都成为一了。

这番话清晰明了——而作为一个希腊化的犹太人，保罗❶同时抨击了亚里士多德和柏拉图的世界观。这两个人的世界观都建立在"差异"的基础上，尽管并不总是基于同一种差异，但他们认为导致差异的原因也不一定相同。

保罗并非女性主义者——事实上，他反对同性恋（同性恋猛烈地冲击了希腊罗马文明及其对男性身体的崇拜），但他的文字时不时地流露出一种迹象，似乎他正在传递一些重要性远超他自身和所处时代的观念。

---

❶ 保罗：耶稣的门徒，《加拉太书》是保罗写给加拉太教会的布道词。当时的犹太人一度生活在希腊文明的统治之下。——译者注

宗教一直以来都在文化层面上推行并强化着二元对立，我们尚未睹见，当生与死之间绝对的二元对立被打破后，宗教将作何响应。而当人类的寿命逐渐延长——大幅延长时；当人类通过上载意识，重新"回归"不依托于肉身的生命体时，这一天终将到来。

当 AI 真的进化成 AGI 后，会发生什么呢？那时我们就会与一种人造生物共同生活在地球上。这会构成另一种二元对立吗？在我们与它们之间？宛如科幻小说中的反乌托邦？教堂会进行布道，着手去拯救 AGI 误入歧途的灵魂吗？

向机器人布道的使命。

让我难过的时，人类的傲慢自大和例外论始终在建造一堵堵高墙——不只是人与人之间分化隔绝，我们与地球上的其他生命之间也竖起了壁垒。

我们与植物的基因构成有 50% 是相同的，"管家基因"——例如那些复制 DNA、维持细胞功能的基因——是所有生物共有的，但这并不意味着我们身上有一半的地方像香蕉，对不对？2005 年黑猩猩的基因被测序后，我们发现人类有 98% 的基因密码与黑猩猩相同，同时也有 98% 的基因密码与倭黑猩猩相同。

人类的行为举止更像黑猩猩（等级森严，好斗，雄性谋求支配地位）而不是倭黑猩猩（和睦相处，以群体为导向，年轻的雌性处于主导地位，无论公母都乐于接受同性关系）。

我知道动物的举止就像《圣经》和莎士比亚的著作一样，可以被用来证明所有风头正盛的、解释人类行为的理论。然而谈及距离我们最近的先祖是谁，很显然有两个不同的故事版本。

人类身上存在的是黑猩猩的特质——这真的是我们想要讲述的故事吗？

不管怎样，无论是黑猩猩还是倭黑猩猩，它们都没有探索宇宙、编写电脑程序。

或是创作任何东西。

2000 年，我写了一部关于早期计算机技术的小说《苹果笔记本》，聚焦于自我创建、非二元对立、流动的性别身份与实体。它包含一系列故事，其中有些发生在现实生活中，有些发生在虚拟空间里。小说有两个可能的结局走向，还有一个在泰晤士河潮位最低时的泥滩上，或许已经发生了的结局。

兼具东西文化特质、雌雄同体的主人公阿里说："我可以改写故事。我就是故事。"

人类之外的动物无法改写故事，除非经过极其漫长、极其缓慢的进化。

而人类这种动物能够而且一直在改写着自己的故事。科技和 AI 是这不断改写的故事中的一部分，但如果我们无法改变自己头脑中的固化思维，科技和 AI 就很有可能成就一场无数人所惧怕的反乌托邦式灾难。

我们与人工智能的基因构成不可能相同。人类不是那些未来事物的祖先。我们声称自己与地球上的其他生物都不一样——然而这一次，这种"人类例外论"将不会带来任何帮助。

　　如果"我们"与"它们"之间存在二元对立的话，未来将成为"新异类"的，正是我们自己。

　　这不是我想要讲述的故事。

未 来

未来为什么会与过去不同？

又为什么不会与过去不同？

10. 未来不是女性

> 我将男子气概视为一种软件，不过它是从来没有经历过
> 故障排查的软件。我认为，在男子气概给世界造成更多的伤
> 害之前，需要来一次全球范围的"软件升级"。
>
> ——马克斯·格洛弗，格洛弗私募股权公司首席执行
>
> 官、
>
> 企业家、故事创作者，2018 年

19 世纪，人们曾警告那些想要像自己的兄弟一样接受教育
的女性，她们很有可能会患上"学者厌食症"。接触数学的女孩
尤其有这种危险，时间一久，她们会变得无精打采、疲惫不堪、
相貌丑陋、不适婚、放荡堕落，最终陷入疯狂。

也许这一连串形容词听起来有点丧心病狂，我是从英国医学
会主席威瑟斯·摩尔博士 1886 年的演讲中摘出它们的，他演讲
的题目是"防止亚马孙女战士入侵" ❶。

对于英国医学会来说，不幸的是，四年之后，一个名叫菲丽

---

❶ 亚马孙女战士是古希腊神话中的女战士族。在当时，人们常将渴望
知识的女性戏谑地称为亚马孙女战士，许多大学教师和男学生都反
对男女同校，对"亚马孙女战士入侵高等学府"顾虑重重。——译
者注

帕·福西特的年轻女性——就像当时的所有女性一样，剑桥大学拒绝授予她正式学位——在数学荣誉考试❶中打败了所有男生。剑桥的数学荣誉考试当时是世界上最难的数学考试。

菲丽帕·福西特的母亲是出类拔萃的妇女参政论者米利森特·福西特，菲丽帕的姨妈伊丽莎白·加勒特·安德森在1865年成为英国第一位取得职业资格的女医生。安德森取得执照后，药师协会随即重新制定了规则，以防其他妇女追随她的脚步——至少别想走通药师协会这条路。

菲丽帕的家族对于男性的刻薄与偏见不可谓不熟悉，但也许正因如此，她虽不具备教育制度所赋予的优势，却心平气和地打败了剑桥的男生。

这是发生在1890年的事情。

1948年，剑桥大学终于决定，女生可以像男生一样获得正式学位。菲丽帕·福西特则在这个决定被做出的一个月后去世，享年80岁。

插句题外话，当剑桥大学以极其迟缓的步调，渐渐将女性议题纳入考量时（对于校董事会的那群男人来说，这可要比解出数学学位考试中的题目困难得多），校方曾将名义上的学士学位，而

---

❶ 原文为 Mathematics Tripos，直译"三角凳考试"，因为18世纪这种考试要求考生坐在三脚凳上回答考官的刁钻问题。剑桥大学的数学荣誉考试难度极大，优胜者的名单会登载在报纸上，成为公众认可的数学天才。在菲丽帕的时代，剑桥大学允许女生和男生一起参加一些课程和考试，但拒绝授予她们正式学位。——译者注

非全科荣誉学位授予女性。在 1921 到 1948 年间，男性称这种学位为"文科蠢货学位"（多谢了，先生们）。

菲丽帕·福西特这样的女人曾被视为幸运的极少数。世界上第一位计算机程序员阿达·洛芙莱斯，也曾被视为幸运的极少数。

医生、博物学家古斯塔夫·勒庞 1895 年写作了畅销书《乌合之众》（这其实是一本预言了民粹主义兴起的有趣著作）。他了解"人群"，却不相信女性的能力：

> 毋庸置疑，世上的确有一些杰出的女性，远比一般的男性优秀得多，然而她们就像巨怪，或者双头大猩猩一样，是极为例外、极为罕见的存在，因此总体而言会被我们忽略不计。

总体而言会被忽略不计？

在这个男性主导的世界上，当成功的女性忙着管理自己"双头大猩猩"般的形象时，我们有必要指出，那时只有来自上层或中上层阶级的女性，才可能有机会学习科学。女性可以设法写作小说——比如像勃朗特姐妹和乔治·艾略特那样使用男性的化名，或者像简·奥斯汀那样死后再出版作品——但是涉足科学则完全是另外一回事。

女性写作，是因为这项活动不需要依赖他人，也不需要花费太多资源——一支笔、一张纸、一片日光就够了。然而科学研究需要工具、实验室，需要进入图书馆、与其他科学家交流，还要有机会进行实地考察，有机会长途跋涉。查尔斯·达尔文驾驶"小猎犬号"进行了为期 5 年的科考之旅，没有哪位女性能做到这一点，不是因为她们的大脑虚弱迟钝，而是因为她们的身体面临着巨大危险。忍受他人的轻视嘲笑已经很糟糕了，她们无法再承受被抢劫、强暴、杀害的风险。

再想想当时女性的穿着，对于一般探险者而言确实不算是什么实用的服装。

不过，你也许会说，时代不同了。没错，正是女性改变了时代。举个例子，一方面，如今英国的医生中有一半是女性；可是另一方面，仍有超过 80% 的英国外科医生是男性（根据《英国医学期刊》的数据）。

在俄罗斯和东欧，医疗行业的普通员工大部分都是女性——但这是 20 世纪 70 年代以后的情况，在共产主义国家，医务人员跌下了备受敬仰的神坛，成为一种常规职业，工资收入和社会地位都显著下降。

甚至在北欧国家，医疗行业的高层职位也鲜少由女性担任。在日本，女性入职医疗领域的概率很低，大约只有 18%，而其中很多人在有了孩子之后，就会永久性地退出这个行业。

在美国，医疗行业中男女职员的比例大致相同，但提到薪金、晋升和职位高低时，情况就因性别而异了。

在中国，医疗行业的女性若想坐到和男同事们一样的位子，或者取得同等的成功，需要克服巨大的阻碍。许多女性无法平衡工作的重担和家庭的责任。

在印度，大约有一半的医学专业学生是女性，但女性执业医生却很少。拥有执业资格的女性不实际执业，或是中途辞职，不再重操旧业。在巴基斯坦，医学专业的学生中，女性的比例高达70%，但半数人结婚后就不会再重返职场。

医学界的情况是一个很好的范例，能够帮助我们理解女性鲜少进入计算机科学、生物工程，以及科技行业的原因。一个人需要具备相当的智商和精力，才能胜任医生的工作，女性已经在这方面证明了自己的能力。在 19 世纪末 20 世纪初的英美两国，仅有 5% 的医生是女性，然而现在，正如我们所见，女性医生的占比已经与男性医生相当，甚至超过了男性医生。

女性的大脑并没有改变，是社会改变了。

好吧，改变得有限。

2017 年，鹿特丹的伊拉斯姆斯大学发布了一篇研究论文，重提了那个有关"女性大脑尺寸"（维多利亚时代的人说女性大脑"丢了 5 盎司"）的老掉牙的话题。研究总结道，因为男性拥有更大的大脑，他们智商测试的分数会比女性更高，因此比女性更聪明。

鹿特丹大学这些严谨的科学家本可以像 19 世纪的法国医生保罗·白洛嘉那样，通过往男性和女性大脑的剖面模型里填充谷粒，来"证明"女性的大脑更小，以此节省宝贵的研究经费。

无论大脑尺寸如何，当社会上歧视的浪潮暂时消退时，女性似乎是有能力进入男性主导的行业领域的。但这为什么没有改善

"硬科学" ❶ 领域（你难道不喜欢这样的用词吗）的情况呢？为什么很少有女性从事计算机编程工作？为什么很少有女性研究电子工程学？或者生物工程学？女性不搭建硬件平台，不编制软件。女性不进入科技初创公司。2020 年，只有 37% 的科技初创公司董事会成员中包含女性（数据来自硅谷银行当年的"科技行业女性领导力报告"）。根据一份 2019 年的行业研究报告，总体而言，在从事 AI、计算机技术和科技工作的人群中，女性占比为 17% 到 20%。软件工程师大多是男性，该行业男女比例为 4∶1。

在影响力巨大、利润丰厚的电脑游戏产业，女性员工的比例最高可达 24%，但这个数字掩盖了行业中极少有女性任职技术岗位的事实，同时各种相关图表和报道也掺杂了水分。

全球范围内，就读科学、技术、工程和数学专业的女性约占毕业生总数的 36%，然而继续从事这四个领域工作的女性则大约只有 25%。

根据英国大学和学院招生服务中心 2019 年的数据，在计算机科学专业的毕业生中，只有 16% 是女性。而在美国，根据最新数据显示，这一比率为 18%。

如今女性正在生物科学领域，特别是生物领域获取与男性同等的地位和影响力，而与此同时，取得计算机科学学位的女性却在变少——并非世界各国都是如此，但即使是在此类女性逐渐增

---

❶ 硬科学：指自然科学，而社会科学则一般被称为"软科学"。——译者注

多的国家，例如印度、阿联酋、马来西亚和土耳其，女性在这一领域的职业选择也备受限制。在这些国家的劳动力市场上，男性与女性被雇用的条件和薪资标准并不相同。（资料来自 2015 年度《联合国教科文组织科学报告》）。

这是因为女性无法掌握（注意我的用词）计算机科学吗？如果你能获得博士学位，说明你在上学时就已经很擅长科学了。

这是先天遗传与后天教养之争的新发展。

2017 年，谷歌软件工程师詹姆斯·达莫尔所写的一篇内部备忘录流出，声称女性不适合科研，同时公司也没有理由去追求男女比例更加均衡的工作环境。女性要么是能力不足，要么是缺乏对这个领域的兴趣。她们的大脑与男性不同，没有"这根弦"。女性会"选择"从事那些需要和人打交道的职业，那些"适合"她们的职业。

达莫尔遭到了开除，但他在"男半球"论坛上获得了大量的同情和支持，那里的网友竭力兜售着"男性与女性大脑不一样"的言论，并将之用作万能的借口。从迷恋枪支，到跟踪 / 杀害女友，再到"男性理应获取更高的工资"，一切都可以使用这套说辞。

当然，还有"男性天生擅长计算机科学"。

斯图尔特·里杰斯，华盛顿大学保罗·艾伦计算机科学系的教职人员，持有与达莫尔相同的观点。

身为一位有口皆碑的优秀教师，里杰斯认为，并没有任何阻止女性从事计算机科学工作的外在因素。换言之，他看不见这个行业中的性别歧视，只因为他自己就是父权体系中的一分子。他这一类人的观点也得到了乔丹·彼得森的支持，他声称自己是一个为性别平等而战的"斗士"。

2018 年，意大利比萨大学的教授亚利桑多·斯图米亚在欧洲核子研究中心做了一场演讲。在这座极具声望的核物理学研究机构中，斯图米亚告诉年轻的女听众们，女性无法在从事物理工作的初期成为顶尖物理学家，因为她们不够聪明。也正因如此，社会不该指望女性会快速在"硬科学"领域取得成功。他通过数据分析，声称女性物理学家常常可以从社会对弱势群体的特殊照顾中获益，而（像他这样）能力更强的男性却总是基于性别原因被忽视埋没。

当这些男性遭受必然的批评和谴责时，他们将自己重新包装成为美德而战的自由斗士，甚至因为社会的迫害不得不东躲西藏。他们提及猎巫运动，提及偏见和歧视。他们反而成了受害者。

那么，他们说得对吗？女性不是缺乏科研能力（据斯图米亚所说），就是因为眼前还有更好的选择，而对科研缺乏兴趣（据达莫尔和里杰斯所说）？

先天遗传也好，后天教养也罢，女性又一次被拦在了科研的大门之外，而这个领域正见证着当下最重要的社会变革。

鉴于计算机科学还是一门新兴学科，回顾它的发展历史，看看那些塑造了当今世界的大变革发生之际，女性扮演的角色，会对我们有很大帮助。

在英国情报机构布莱切利园，情报人员试图通过体积庞大的机器"巨人"和"炸弹"（Bombe）破解纳粹的秘密情报，最终有 10000 人参与了这项工作。

其中有 7500 人是女性（图 4-1）。

> 我是园区内的一名破译员，一天夜里值班时，我破解着一条刚刚由电传机发送过来的情报。经过了数次的失败与错误后……我开始读懂那串数字了。
>
> 意军轰炸机将于凌晨 4 时从的黎波里飞往西西里岛。当时已是凌晨 1 点半——想象一下情况是多么危急。
>
> 我们向英国皇家空军发送了无线电报……最终，意军的所有飞机都被击落了。
>
> ——罗莎妮·科尔切斯特（婚前原姓梅德赫斯特），外交部文职人员，1942—1945 年于布莱切利园工作

这些女性中有国际象棋选手、语言学家、痴迷填字游戏的书虫、数学天才，还有很多来自一般行业、先前接受了上岗培训的人。早期的计算机有一间屋子那么大，布满了嗡嗡作响的阀门和线路。这些女性互相学习着如何设置与调整机器，甚至机器故障时该如何进行修复——她们常常会遇到这种情况。她们逐渐见识到了机器的深奥复杂和"喜怒无常"，在此过程中不断精进着自己的技术。

"二战"后的英美两国很需要这些妇女具备的技能，但身为

女性，她们的职位通常会被描述为无关紧要的办公室文员。在英国，为政府从事计算机工作的女性被归为"机器接线员"，她们不得担任管理职位，工资大概也只有男同事的一半——而这些男性是在她们之后受训成为"计算机工程师"的。

图 4-1　两名操作"巨人"计算机的女性

我强调这些事实，因为它们至关重要。

斯蒂芬妮·雪莉的故事鼓舞人心、令人自愧不如，却也让人沮丧。

她本名维拉·布克塔尔，是战时"儿童转移计划"❶的受益

❶　这是"二战"时一项救援犹太儿童的计划，允许未满 18 岁的犹太难民在没有成年人陪伴的情况下进入英国，并将他们分配到寄养家庭中生活。——译者注

者，在 5 岁时来到了英国。

斯蒂芬妮转入了一所威尔士的女校，但那里不开设数学课程，于是她只好去附近的男校，和男生一起上数学课。高中毕业后，她决定不去读大学，因为唯一愿意招录她的理科专业是植物学。

放弃读大学后，斯蒂芬妮进入了伦敦多利士山的邮政研究局工作。

20 世纪 50 年代，她从零开始建造计算机、亲手写下程序——在那时，程序都是手写的。随后她再将程序转录成打孔纸带，然后亲手输入计算机中。

斯蒂芬妮始终无法得到晋升，哪怕她参加了夜校，用 6 年时间取得了数学学位。

在自传《顺其自然》中，斯蒂芬妮说自己对性别歧视和性骚扰厌烦透顶，于是离开了研究局，建立了自己的公司"自由职业程序员"——向英国政府和大型公司提供编程服务。

斯蒂芬妮的商业诀窍是自称"斯蒂夫"。署名"斯蒂芬妮"的信件无人问津。改用"斯蒂夫"落款后，她如愿签下了合约。她的秘密武器是手下的员工：她只雇用女人。像她一样无法升职、遭到辞退、因为结婚或怀孕被炒鱿鱼（在 20 世纪 60 年代的英国，这些都是完全合法的）的女人。她的公司雇用了 300 多个家庭主妇作为程序员，她们全都居家办公，其中一些人（在自家客厅里）编写了协和式超音速客机上的黑匣子程序。

这张摄于 1968 年的照片中（图 4-2），安·莫法特正在编写黑匣子程序。安是协和超音速飞机项目的牵头人，后来成为斯蒂芬妮的公司"自由职业程序员"的技术总监。

图 4-2　安和她的女儿，1968 年

*

不过，"自由职业程序员"公司不可能雇用所有被计算机行业排除在外的英国女性。计算机编程当时被视作"粉领工作"，男性既不想涉足，又认为他们不适合被女性管理，因此女性无法升职。

英国政府做了一件非同寻常的事情，事实上，是一件非常疯狂的事情：他们不承认市场需要具备计算机编程能力的女性熟练劳动力，反而决定将现有的几家计算机公司进行合并，组成一家巨大的公司——国际计算机有限公司，用来生产只有少数训练有素的男性才能操控的大型主机。

20 世纪 70 年代中期，当千呼万唤的"男性友好型"产品终于问世时，计算机世界已经发生了迁移，确切地说，是地理上迁移到了美国：史蒂夫·乔布斯 1976 年推出了第一代苹果电脑。

大型主机电脑过时了，台式机成为潮流。

恐慌之下，英国政府停止了对国际计算机有限公司的投资，干脆利落地扼杀了英国本土的计算机产业。

"二战"后的英国在计算机技术领域内处于领头地位，它本可以保住这个位置，发展软件编程行业。

结果，英国却被美国甩在了后面——因为它无法应对本国的性别歧视问题。就职于计算机行业的女性应该得到珍视和鼓励，然而她们却被开除了。并非因为她们的神经系统缺了这根弦，而只因为她们是女人。

如果你拥护父权制度，生物性即命运。

"自由职业程序员"公司则在 1996 年上市，斯蒂芬妮把手下的 70 名女性员工变成了百万富翁。

（作者注：聆听斯蒂芬妮的 TED 演讲是一种享受。）

那么美国的情况又如何呢？从硅谷的发展史中，一切已不言而喻。这是一段男人在车库里开发硬件（史蒂夫·乔布斯），以及男人在地下室开发软件（比尔·盖茨、保罗·艾伦）的历史。如果同样以"二战"结束为起点观察美国的计算机领域，我们会发现什么呢？

和英国的情形一样，男人外出打仗，于是女人就干起了通常该由男人来干的活儿——这不只包括驾驶公共汽车、锻造钢铁，还包括研究数学。

长射程的枪支需要依靠射表❶来击中目标。射表会使用复杂的方程式评估种种定量与变量，例如风力对子弹行进造成的影响。拥有数学学位的女性被雇为"人工计算员"，从字面上理解，就是进行计算的人。这些女性会拿到纸张、钢笔，以及一台计算器。每条弹道大约要花 40 个小时来计算。

这对美国的女性来说，不算是什么全新的经历。19 世纪 80 年代，哈佛大学天文学院就雇用了一支全部由女性组成的计算队伍。

甚至更早之前，在英国，第一位担任"计算员"的女性是玛丽·爱德华兹。在 18 世纪 70 年代，玛丽为海军部计算天文位标，这是船只标绘航线时必需的信息。玛丽·爱德华兹负责计算航海天文历上超过半数的位标。但海军部却认为这些计算工作是由她丈夫完成的。丈夫去世后，玛丽陷入了不得不为自己辩白的尴尬境地……最后被"宽宏大量"地准许继续工作。

"二战"期间，100 个依靠纸笔进行计算的女性力量太小了——与布莱切利园中的情境相仿，她们需要更快的计算速度。

埃尼阿克登场了，这台机器全称"电子数字积分计算机"，

---

❶ 射表：为枪、炮等特定发射装置编制的，写有精确射击所需的仰角与方位角的图表。——译者注

1943—1945 年由约翰·莫奇利和 J. 普雷斯伯·埃克特于宾夕法尼亚大学制造。该项目得到了军方资助，机器占地 1800 平方英尺，装有 17000 根真空管。这些真空管产生了巨大的热量，因此机器内部需要安装空调系统。

它也需要由程序员来操作。

六位女"计算员"被雇来完成这项工作。机器没有操作指南——制造它的男人们不知道该如何为它编程（我还需要再强调一遍吗？）。

制造它的男人们不知道该如何为它编程，因此这些女性只能自己把一切搞清楚。

凯·麦克纳尔蒂、琼·詹宁斯、贝蒂·斯奈德、玛琳·韦斯科夫、弗兰·比拉斯和露丝·里克特曼一边全力研究这台机器，一边写下了操作指南。

从理论上来说，这台机器的计算速度要比人脑快 2500 倍，但它不是一台存储程序计算机。程序员们每发出一条新指令，都要通过插件和 1200 个 10 路开关将机器重新编程一次。

起初，这些女性甚至被禁止靠近埃尼阿克——她们只拿到了设计蓝图和接线图，据凯·麦克纳尔蒂所说，她们被要求"先弄清机器的工作原理，再弄清如何给它编程"。

这既是一项脑力活儿（计算微分方程式），又是一项体力活儿（将电缆接到正确的电路中，再设置好上千个 10 路开关）。

当埃尼阿克 1946 年公开亮相，在世界各地引发巨大轰动时，这六个女人的名字却没有被提及，也无人知道这支小队的存在。

没有"专家"或媒体报道她们做出的贡献。

她们继续工作——埃尼阿克的工作结束后，她们为绝密的氢弹项目编程，但大多数人都以为她们担任的只是打字员之类的工作。

20 世纪 80 年代，一位名叫凯西·克莱曼的年轻计算机程序员偶然看到了一张埃尼阿克的老照片（图 4-3），想要辨认出照片中的几个女人是谁。加州山景城计算机历史博物馆中的一名员

图 4-3　操作"埃尼阿克"计算机的女性，1947 年

工告诉她，这些女人是"冰箱女郎"，也就是那种倚在产品旁边以刺激销量的广告模特。

和英国的情况类似，编程在美国也被视作一种办公室文职工作。

不过，美国的女性没有从工作岗位上离开。

1967 年，传奇的计算机天才格蕾丝·赫柏在《大都会》杂志上发表了一篇文章，呼吁女性学习编程："编程需要耐心和处理细节的能力，女人天生擅长计算机编程。"

1947 年，格蕾丝·赫柏从哈佛大学那台房间一样大的计算机中揪出了一只蛾子，找到了机器出故障的原因。她在笔记中写道："第一次发现了真正的虫子（bug）。"

就这样，电脑故障开始被称为"虫子"，而将"故障排查"称作"捉虫"（debugging）的说法也很快出现了。

女性拥有语言和文字的天赋。玛格丽特·汉密尔顿带领了一支 350 人的队伍为阿波罗 11 号飞船研发软件系统，她发明了"软件工程师"一词，以描述自己的工作性质。此前从没有人描述过这份工作，因为从没有人做过这份工作。

多亏了电影《隐藏人物》，展示了女性在计算机发展初期扮演的角色，以及她们在太空项目中的重要地位，如今的人们才有了更多了解。

令人费解的是，为什么这段历史会被尘封和歪曲如此之久？为什么当时的女性会被计算机科学和编程领域如此排斥，以至于当今的社会需要恳求年轻的女性，以让她们多考虑一下计算机和编程这些已被神化为"男性职业"的工作？

1984 年似乎是至关重要的一年。

1984 年，美国攻读计算机科学学位的学生中，有 37% 是女性。

1984 年，苹果公司的家用电脑问世，产品的第一支广告（由拍摄了《银翼杀手》的雷德利·斯科特执导）中，一个年轻的女人将手中的铁锤扔向了反乌托邦社会中向人们灌输洗脑思想的屏幕。

一个女人……可是……

一年以后，苹果公司在推销个人计算机时，将目标客户直接锁定为男性。1985 年，苹果新发布的电视广告采用了男性视角——尽管主人公的老师是个女人。故事围绕着一个名叫布莱恩的小男孩展开，他通过苹果电脑发现了自己的潜力。在广告的最后是这样一句承诺："所以无论小布莱恩想成为怎样的人，苹果公司的个人计算机都会一直帮助他实现心愿。"

为了推销家用电脑，苹果公司在"超级碗"冠军赛上播放广告，雇用了一支成员全部为男性的广告团队，并将目标客户只对准一种人群：男人。在 1997—2002 年播出的广告片《非同凡响》中，20 世纪的 17 位文化偶像依次出现，其中单独出场的女性却只有 3 位（玛丽亚·卡拉斯、玛莎·葛兰姆、阿梅莉亚·埃尔哈特），还有和约翰·列侬形影不离的小野洋子。

她们中没有一个是科学家或程序员。

在性别刻板印象方面，《非同凡响》并没有多么"非同凡响"。而苹果公司 2006—2009 年间风靡一时的系列广告《我是苹果电脑／我是微软电脑》❶ 则更加固化了性别偏见。

扮演"微软电脑"的男演员身穿剪裁糟糕的西装，显得一脸蠢相，而"苹果电脑"则是个酷小伙儿。广告传递的信息清楚明了——电脑与女人无关。在其中一支广告中，一位金发女郎称自己是苹果电脑制作的家庭录像，一旁的微软电脑也带来了自己制作的家庭录像——那是一个穿裙子、戴假发的男人。

好吧——很好笑。

问题的关键是，男性观众真的认为这些广告很好笑，至于女性观众……嗯……人人都知道女性没什么幽默感。

"性别营销"具有强大的效力，想想儿童玩具店里那些粉色的娃娃和蓝色的卡车吧。孩子们在一个按性别划分的世界里成长：在这个世界里，编程原本是女性的工作，编程的女性比男性更多，可突然之间，它就不再是女性的工作了。这样的翻转迅速、猛烈又致命。

社会科学家简·玛格丽斯认为，家用电脑的出现，是女性被驱逐出计算机科学领域的关键因素。计算机面向男性销售，进入家庭后，它就变成了一件男孩子的玩具。人们会鼓励男生在新设备上打游戏，女生却不会受到这种鼓励。

根据玛格丽斯的说法，计算机的主流市场向男生而非女生倾

---

❶ 此处指苹果公司 2006—2009 年播放的系列广告片《去买苹果电脑吧》（"Get a Mac"），每支广告中，都有两位男演员面向镜头，分别扮演"苹果电脑"和"微软电脑"，两人的开场白永远是"我是苹果电脑""我是微软电脑"。——译者注

斜，这意味着在学校上电脑课时，男生已经通过在自家电脑上打游戏而掌握了基础的编程知识。电脑课上的女生怀抱着求知的热情，做好了学习的准备，却发现自己迅速落入了弱势的处境。她们很少得到帮助，反而常常被嘲笑和奚落——就好像男生掌握的电脑知识证明了他们具备某种天赋，而女生就是没有学习计算机的脑子。

没有人给她们看过女性操作埃尼阿克的照片——为它编程的队伍全部由女性组成；教授们也不会刺激男生，测试一下他们之中有谁能完成那些女性的工作——在没有操作指南的前提下。

事实上，为了将这些女性和与她们类似的女性群体排除在外，人们不惜扭曲了历史的本来面目。

1984 年，史蒂文·列维出版了畅销著作《黑客：计算机革命的英雄》，书中没有提到任何一位女性。女性不是英雄，对计算机技术来说也无关紧要。这本书仍在不断地被再版加印，没有进行任何修改，并被当作"经典"在图书市场上销售。

1984 年是下坡路的开始。年轻女性开始中途退出计算机科学的课程，或是压根不再报名。

年轻男性对着电脑屏幕打游戏的时间长得吓人，不难发现，这样的现象也开始让女性怀疑：一切和计算机有关的事情都不适合她们。

与此同时，在男性创造的流行文化中，不合群的书呆子通常被描绘成"电脑达人"。

男性发明了"极客"这一概念，然后将所谓的"极客基因"

当作一种神赐的天赋来崇拜 ❶。正如西蒙妮·德·波伏娃所说，"男性从自身的角度出发去形容（这个世界），他们误将这一视角当作绝对的真理"（《第二性》）。

1991 年，情况远不像詹姆斯·达莫尔在谷歌备忘录中说的那样，"科技行业的女性员工应占员工总数的 20%"；那时计算机科学和科技行业的员工中，有 36% 是女性。她们学习计算机技术时，两性的刻板印象应该还没有进一步深化，从而将女性驱逐出这一领域。随着她们离开这一行业（就像所有那些辞职的女人一样）去结婚生子，或是因为没有得到和能力匹配的晋升，填补她们职位空缺的并不是新的女性员工，而是身穿帽衫、胡子拉碴的男人。

印度的科技行业有着不同的发展方向，它本身就质疑了"男人行，女人不行"的论调。

在印度，科技领域中的性别鸿沟远没有那么明显，女性满怀热情地学习编码课程，攻读计算机科学学位。印度很难被称作女权主义者的理想国度，但社会鼓励女性从事编程工作，因为它被视为一种女人能够在家完成的工作，她们可以一边照看孩子一边抽空编程。

大约有 34% 的印度科技从业者是女性，年龄大多在 30 岁以

---

❶ 英语中的"geek"原指古怪、不合群的人，但随着互联网文化的兴起，这个词被赋予了了新的含义，指智力超群、热衷计算机和网络技术的人，走在科技潮流的最前端，中文通常译作"极客"，现在这一词语已不再带有贬义。——译者注

下。不过尽管女性充满热情，也具备能力，男女收入却有着巨大的差距。印度女性会被科技行业雇用，但多数人得到的都是低级职位，无法升入管理层。

印度科技行业招录的初级员工中，女性占 51%，其中可以升入管理层的占 25%，而最终成为行业中佼佼者的，则只有 1%。

好消息是，这一切都不是不可更改的。已经发生的事可以被改写。

在美国宾夕法尼亚州匹兹堡的卡内基梅隆大学，计算机科学系的教授莱诺·布卢姆让该专业招收女生的比例从 20 世纪 90 年代的 8%，一路上升到了如今的 48%。

布卢姆认为，女性需要一种能够为她们提供支持的工作氛围，而非充满敌意、使她们如坐针毡的课堂环境——禁止男生使用裸体女人的图像作为屏保，也是实现这一目标的举措之一。

英国曼彻斯特大学（"二战"之后，就是在这里，计算机科学在阿兰·图灵、汤姆·基尔伯恩的推动下，以第一台存储程序计算机的问世为标志，取得了巨大的进展）开设的计算机课程，授课教师中有 24% 是女性。同时，校方也有意识地想要提高计算机专业本科生中的女性比例（2020 年为 23%），举措包括开设为期四年的专业课程，并为没有读过理科类预科课程的学生开设基础课程。

学校是个难题。

在学校的氛围中，儿童和年轻人很容易受到影响。他们观念中的刻板印象可以被扭转，也可以被强化。多数情况下，刻板印象是得到了强化，因此如果一个女生喜爱数学与科学，但也同样擅长其他学科，例如具备优秀的语言和阅读能力，那么她就会被鼓励去选择"与人打交道"的职业。

对 PISA❶ 的结果进行分析后，这个"间接"的影响因素才被发现。

PISA 项目对全球大约 80 个国家的 60 万名 15—16 岁的学生进行每三年一次的考试，目的是测评男女学生的阅读、数学和科学能力。

数学和科学成绩优秀的学生，对这两个科目的擅长程度并不因性别而异。女生在阅读科目中保持着领先地位。那些已经明确了专业方向的女生，确实常常会选择不再深入学习数学与科学，但如果她们不放弃这些科目，就会取得与男生一样的成绩。只要努力学习某个科目，女生的成绩就不会落后。

诚然，"选择"在其中发挥了很大作用，但它造成了哪些影响呢？

信心的确会影响能力，这听上去像是陈词滥调，但针对科技与计算机行业的女性，那句名言——"你无法成为你看不到的东西"说明了很多事情。她们看不到榜样。全世界只有 15% 的计算机科学教授是女性。在学校，女生习惯看到男性担任科学课老

---

❶ PISA：指国际学生评估项目，是经济合作与发展组织（OECD）针对美国、英国、日本等地的 15—16 岁学生，进行的阅读、数学、科学能力评价研究项目。——译者注

师，相应地，她们也很习惯看到女医生、女牙医、女兽医，这在某种程度上导致如今选择攻读高级生物课程的女生要比男生多。

如果社会可以鼓励女生将生物与计算机科学结合在一起，那么她们会得到机会，在一些刚刚成形的新领域影响我们的未来。生物科技（致力于影响和强化人体）就是一个在生产和研究方面都高速发展着的领域。

可以肯定地说，我们将会在近些年见证的最大变革，就是生物工程学的迅速发展。监测心率、血糖、胆固醇、器官功能和大脑健康状况的智能植入物已经进入研发阶段中。埃隆·马斯克的"脑机接口计划"将利用人体内的智能植入物，让瘫痪病人直接与计算机相连，以此实现和外界的交流，并通过操控计算机处理日常事项。这些植入物还可以操控假肢，以及完全独立于人体的机器人助手。这些探索和实践的成果，最终会被应用于健康的人类。所有人都将变成罗尔德·达尔笔下的天才儿童玛蒂尔达：一个问题刚刚浮出脑海就已经得到了解答；与此同时，机器管家还会为你递上一杯热茶。

不止如此，生物工程技术还可以延缓，甚至最终逆转人类的生理衰老过程。问题是：哪些人类？

谁有权进入这个"美丽新世界"？有钱人？还是我们所有人？

科技在诞生之初或许是一种中性的存在，研发科技的过程却不可能没有倾向性。

谁能从中获益，谁不能从中获益，是一个政治问题。

有史以来，直到近150年前，这个世界都是男性创造的，也是只为男性量身打造的。主要是白人男性,以及那些有权书写历史的男性。

诚然,男性做出了许多重大发现——他们受过教育,拥有自由、机会、权力,家中还有贤妻良母料理一切,最关键的一点是,他们不会轻视自己或其他男性。

而最糟糕的是,有时女性也在这些重大发现中发挥了作用——比如对于 DNA 的发现做出过重要贡献的罗莎琳德·富兰克林;比如天文物理学家乔丝琳·贝尔·伯内尔,她在 1967 年发现了第一颗电波脉冲星(最终获得诺贝尔奖的却是她的上司);比如那些为埃尼阿克编程的女人,她们的功劳或是被抹去,或是被转移到了男人身上。

英国皇家学会自称是集合了全世界最杰出科学家的团体,它成立于 1660 年,75 年前开始招收女性成员。候选成员(或许是女性)需要获得两位现任成员(很可能是男性)的推荐。其中的性别权力关系不难计算。

我们也是在不久之前,才知道了阿达·洛芙莱斯、格蕾丝·赫柏、凯瑟琳·约翰逊、玛格丽特·汉密尔顿、斯蒂芬妮·雪莉,以及布莱切利园中那些女性的存在。

我们看到那些所谓的"伟人"罔顾历史、信口开河,说女性只是对计算机科学不感兴趣,或者只是不擅长这门学科,将女性在计算机科学领域做出的重大贡献全部从史实中抹除,让她们最终被社会驱逐出这个领域。

但黑暗的尽头总有光明。

2020 年的诺贝尔化学奖被授予了珍妮弗·道德纳和埃玛纽埃勒·沙尔庞捷，以表彰她们在开发应用 CRISPR-Cas9 方面所做的努力。CRISPR-Cas9 是一种基因编辑工具，可以精确剪接人类的任何一段基因组。它就像是一把能够剪切 DNA 的魔法剪刀。

奖项背后是十年的辛苦工作；这项技术已经被用来编辑尸体和昆虫的基因，治疗遗传性失明、癌症等基因缺陷的临床试验也正在进行中。

它带来的影响，是整个人类物种的转变。

但我们做好准备了吗？人类拥有走出这一步的情商和道德自律吗？工具只是工具。我们该怎么使用它，由谁来使用它，才是问题的关键。

2018 年，中国的生物物理学家贺建奎声称自己用 CRISPR-Cas9 技术制造出了一对"基因编辑双胞胎婴儿"。这违反了公认的国际协议，他被判刑入狱。

工具已然被发明出来了，开弓没有回头箭。我的观点是，女性需要更多地参与到社会的各个层面中去（包括伦理学——科学），以帮助人类应对这个正在由我们创造出来的新世界。

玛丽·雪莱 1818 年的小说《弗兰肯斯坦》中，包含着许多她对于未来的洞见。其中尤其重要的一条是：那个被创造出来的东西没有母亲，只有一位父亲。

从生物学上看，这是不可能实现的，至少目前不可能。然而对于 AI 和 AGI 而言，男性的确就是维克多·弗兰肯斯坦那样的造物主。我们都听说过这个故事，它并不是对人类未来最乐观的设想。

在我们重新书写的故事中，需要有女性存在——不是作为情人或助手，而是作为主要角色存在。

我们会歌颂杰出的女性，这很好，但也要提防那种"双头猩猩"的思维陷阱。

杰出的女性就像杰出的男性一样，领导着世界一路向前，然而如果我们不小心落入了"卓异主义""例外论"的叙事陷阱，就很可能会让一套过时落伍的价值观污染白纸一般崭新的未来。

我们都很熟悉卓异主义的"英雄叙事"：主人公是拯救者，是天才，是强壮的男人，是凭一己之力迎难而上的小人物（或者是迎难而上的小女孩，比如《后翼弃兵》的女主角）。

从故事的层面看，"卓异主义"的叙事倡导"我行我素"，与"合作"和"协力"的价值观相悖。它也切切实实地忽略了无数人的生活和贡献。

AI 的一个有趣之处是，蜂巢思维原则可以让它产生最佳效果，这就需要能让人们共享信息的网络。真正的共享经济不是将一切货币化，而是让所有人聚合在一起，齐心协力——这就是我们在气候危机和全球不平等的威胁下必须采取的策略。摆在我们眼前最严峻的难题，需要通过合作而非竞争来解决。

我认为女性拥有独特的技能，因为所有女人都知道该怎么应付那群古怪的讨厌鬼——也就是我们所说的"大家庭"。从古至今，女性始终接受着这种训练。吃饭时只要有女人在场，她就能找到办法，应对各种各样的要求、需要、抱怨、自负、眼泪，还有"这不公平""今天不该我洗碗"……

当人类得到了充分的进化，能够摒弃性别角色时，我们或许也终于可以掌握全世界的女人吃尽了苦头才学会的种种技能。

不是每个人都必须做出开天辟地的重大发现。女性不一定要成为"佼佼者"。女性需要置身于各个领域中，担任每一种角色，从事每一种工作（不只是做初级员工、兼职或是小时工，而是进入行业的中心），进入管理层，得到和男同事同样的尊重，而不必担心"我该穿什么"或者"他们会怎么看待我"。

在科学、技术、工程和数学领域，我们需要更多的女性——不必是最聪明、最优秀的，不必是诺贝尔奖得主，不必是出类拔萃者。她们已经很好了。相信我，很多男性也不是最聪明、最优秀的，他们只是编几行程序、做点工程、写些代码、懂一点机器学习的普通人。他们不是神，你在任何一家公司，任何一个岗位上都能看到这样的人。他们组队工作，而身为团队中唯一的女性，你会遇到许多麻烦，有时还会伤心难过。女性被排除在外，因而遭受痛苦。姑娘们，我们现在需要的是数量，需要大量的女性参与其中。

此外，还有许多优秀的倡议。

"巾帼"是一个女性社交平台，由赛丽·查哈尔于印度创建，旨在给予女性方方面面的帮助——包括提供职业建议、申请理科专业的机会、法律援助、利率较低的贷款，并帮助她们处理各种健康和家庭方面的问题，同时，它也提出了试图改变印度父权文化的政治纲领。

美国超模卡莉·克劳斯学习编程后，成立了"与克劳斯一起编程"（Kode with Klossy）。这个学习机构帮助 13 至 18 岁的女生发掘自己超乎寻常的编程天赋。想成为优秀的程序员，并不需要 Y 染色体。

卡莉身体力行地告诉我们，超模身份并不是成为程序员的阻碍。

世界各地的女性都在努力改变着现实。现实是由我们塑造的。那些我们互相讲述的、关于彼此的故事（关于个体、群体、国家或者全人类的故事）塑造了现实。

我们需要真正地承认关于女性能力的故事。当女性被平等对待时，社会可以从中受益多少——我们需要时常听到这样的故事。机会均等，才会有平等的选择。

如果我们不为女性创造更好的故事，那么被歪曲的历史就会裹挟未来。

这些故事不只是讲给女性听的。若想让女性进入编程领域，男性也需要坦诚面对自己的性别偏见。

11. 侏罗纪汽车公园

我需要你的衣服、你的靴子、你的摩托车……

——《终结者 2：审判日》，1991 年

权力就是把人类的思想撕得粉碎，再按照你自己选择的样子重新拼合起来。

——乔治·奥威尔，《1984》，1949 年

《终结者》系列电影上映始于 1984 年，也就是乔治·奥威尔的小说中那至关重要的一年。《1984》描绘了一个由"思想罪""双重思想""新话""101 号房"和"老大哥"构成的，僵硬死板、处处遭人监视的极权主义世界。

事实上，20 世纪 80 年代开启了由"新自由主义"的放任政策主导的年代；人们开始呼吁政府放宽管制、反对成立工会，并强调个体的杰出力量。

1984 年，苹果公司的"麦金塔 128K"是第一台取得了商业成功的、拥有图形界面的个人电脑（图 4-4）。雷德利·斯科特为这款产品拍摄了电视广告。片中，一位被思想警察追赶的女子一路狂奔，她挥起铁锤，砸碎了投映着"老大哥"影像的巨大屏幕。画外音告诉我们："1 月 24 日，苹果电脑公司将推出麦金塔，而你将会知道，为什么 1984 不会变成《1984》。"

整支广告的时长只有 1 分钟，未来飞奔而来。

图 4-4　麦金塔电脑

在唐娜·哈拉维 1985 年对于未来的构想中，她认为，我们能够与科技共存，而非被科技掌控。

《赛博格宣言》就像它所处的 20 世纪 80 年代一样充斥着乐观主义：科技是为我们服务的。（那时尚有不少女性在计算机科学领域工作，根据美国国家教育数据统计中心的数据，此类女性大约占美国员工总数的 37%——因此，回顾女权主义在 20 世纪 70 年代取得的一系列成果，眼前似乎是一个更加公平的崭新未来。）

1989 年，蒂姆·伯纳斯 – 李成功发明了互联网。万维网将连接起整个世界。这种自由、不受约束、无人管制、无须经过任何媒介的联通——还有什么比它离极权主义更远？

然而最终的结果证明，奥威尔是对的。

从 1980 年到 1990 年，极权统治所需的必要条件，都在这 10 年间出现了。我所说的"必要条件"，首先是指"里根 – 撒切尔革命"❶ 开启的新自由主义经济，其意识形态扩展到了社会中的各个领域，相信一切事物都应当且必须私有化。

其次是指彻底扭转了社会局面的计算机技术。

它让社会向前飞跃了 40 年，落入极权控制之中。

但不是被极权政府控制，而是被私人企业控制，这是奥威尔没有预料到的事情。他想错了方向。

全方位地控制社会。私营企业彻底地私有化。

我们自觉接受的监控的力度之强，是连独裁者做梦都想不到、一心想付诸实践的。面对这种以"互联"和"共享"为幌子的监管，我们随随便便就心甘情愿地接受了它，事实上甚至根本就没有意识到它的存在。

我们呼吸的每一口空气，我们做出的每一个动作。

我们的衣服、靴子、摩托车……

看着我们的不是"老大哥"（Big Brother），而是科技老大（Big Tech）。

每一家网站都会追踪用户，监控他们的线上行为。

你访问的网页会进行第一方的追踪，而第三方的追踪则通过

---

❶ 20世纪70年代后，时任英国首相的撒切尔夫人和美国总统里根都发起了鼓励私有化、放松管制的经济改革，这种改革被称为"里根–撒切尔革命"，其成功帮助两国摆脱了战后的经济滞胀。——译者注

无所不在的cookies❶得以实现。一旦你的设备允许了cookie追踪，对方就可以追踪你访问的每个网站，向你推送广告、内容，同时掌握你在网络上的更多选择和偏好。

勾选网页上的"全部允许"，就意味着我们接受了监控，而这样的举动我们每天都会重复许多次。网站跟踪成了合法行为，而允许追踪的是我们通常会看到的"全部允许"或"设置首选项"标识，这种时刻我们往往是急匆匆地勾选了"全部允许"，以获取想要的内容。

谷歌在2020年宣布，他们正在逐步淘汰第三方cookies。苹果、微软和谋智公司则表示，他们已经禁用了第三方cookies。

不过，如果一家企业真想知道你浏览了哪些网站，就还是能找到许多打擦边球的方式。2019年，脸书将第三方cookies换成了带有像素追踪器的第一方cookies，从而避开了规定。这使他们能够在未经允许的情况下，持续追踪欧盟的公民。

网页追踪的定义是，通过收集和处理个人数据，监测用户的活动、偏好和行为。

这就是监视。

2019年，《华盛顿邮报》的一名记者让一家数据公司分析了自己的苹果手机系统，发现手机中有5400个隐藏的跟踪软件正在不停获取着他的个人信息，包括电邮、电话号码、地理位置，

---

❶ cookies是网站在本地自终端上传的数据，用来追踪用户数据。——编者注

并将这些数据发送给他从未授权过，甚至从未听说过的公司。这是他在一周之内，而非一年之内的发现。

我们知道谷歌想使用我们的地理位置。我们知道脸书会将我们点赞和分享的数据打包售卖给广告商，供后者炮制出"标题党"推文。网飞知道你在看什么剧集。Spotify 知道你在听什么音乐。还记得奥威尔小说中的"双向电视"吗？他能在 1948 年构想出这样的设备可谓洞见非凡，那时英国大概只有 10 万户家庭拥有电视，而美国拥有电视的家庭也只有 100 万户。

然而当 Spotify 和网飞询问我们是否对最近的用户体验满意、下次是否还愿意收到他们的推送时，我们接受了。

这不是乌托邦，而是联通性的体现。这是我们所生活的世界。

而电影《终结者》的故事则围绕着一个来自未来世界的全知 AGI"天网"展开。这是一款拥有自主意识、自主智能的 AI 系统，可想而知，它不想被讨厌的人类关闭。片中，"天网"与人类在 2029 年展开了一场大战，"天网"将一个生化人传送到了 1984 年，以刺杀未来人类抵抗军的领袖——那个救世主的母亲。

这个曲折复杂的未来主义情节，本质上其实是一个老故事：危在旦夕的王国，坚毅勇敢的英雄，罪大恶极的敌人，一场又一场战斗，还有一位"玛利亚"——一个圣母般的角色，按照人们的期望，履行着女性应该履行的义务：成为情人和母亲。当然……她并不是普通孩子的母亲。

《终结者》中，1984 年的世界并不是一个充斥着宵禁令、告密者和政治宣传的苏联式政体，而是一个开明进步的地方：这里有酒吧和汽车，女性可以独自出门小酌一杯，孩子可以在街上玩耍。没有监控摄像头和政府雇用的探子，没有"101 号房"❶。其中当然也有糟糕的事情发生，但这并不是个糟糕的地方。这是个蛮不错的地方。

威胁人类存亡的，是一个获得了自主意识的邪恶 AI 系统。这意味着人类自身并不是威胁。敌人不是我们中的一员，而是来自其他地方。

想一想这套叙事是多么耳熟。

有时故事中的敌人是外星人，它们很可能已经研发了 AI。

H.G. 威尔斯的《世界大战》（1898 年）就描绘了一群住在陨石坑中的反派——一群火星人。1938 年万圣节，在小说被另一位威尔斯——奥逊·威尔斯改编为广播剧在美国上演后，整个纽约都沉浸在恐慌之中。这个故事，或者说这个版本的故事已经被讲述了太多次，以至于让美国人信以为真了。

火星人被微生物打败了，因为它们和我们一样，也是血肉之躯。那些没有血肉之躯的生物更加恐怖，也更难被打败——这就是我们这个时代的主流修辞，比如 AI 和 AGI，但它们绝对是"异类"，决不是"我们中的一员"。

对此，奥威尔有着非同凡响的洞见。我们是自己最大的敌人。奴役着人类的正是人类自己，将人类按照手中权力的大小划分成不同阶级的也正是人类自己。是人类在毁灭这个世界。

---

❶ 101 号房是奥威尔的小说《1984》中处理反叛者的审讯室。——编者注

是人类实现了"全球互联"的美好愿景，然后又将它变成了一种时刻存在、有利可图的监控。

我们需要小心提防的正是人类。

AI 还只是一种工具。我们还没有进入 AGI 的时代——没有"异类"可以责怪。一切都是我们自己造成的。

现在，一些科技巨富（这些男人正是通过一种最为常见的 AI 工具——"算法"发家致富的）正在试图将他们眼中"真正的社会威胁"控制在一定范围内。这并非因为科技本身构成了威胁，而是因为人类错误地使用了自己发明出来的强大的 AI 工具。

易贝网的创始人皮埃尔·奥米迪亚向一家名叫"照明"（Luminate）的公司投入了上千万美元的资金。该公司总部位于伦敦，业务范围遍及 17 个国家。它倡导数字化，数据权利、财务透明、公民赋权，以及独立媒体——这些媒体不同于新闻八卦网站，不会像灌脏水一样源源不断地向你的手机输送虚假新闻和政治宣传。

照明公司与诺贝尔经济学奖得主约瑟夫·斯蒂格利茨合作，倡议政府将独立新闻（无论是依托传统纸媒还是以网络为媒介）视为一项公众利益，从而给予其公款支持和公共保护。

眼下，在世界各地，值得信赖、基于事实的新闻报道正面临着威胁，这种情形随着新冠疫情愈演愈烈。福克斯新闻频道、布赖特巴特新闻网，以及社交媒体上那些自封的阴谋论者和仇恨煽动者，简直就像从自奥威尔笔下的"真理部"中走出来的人物。

另类右翼热衷于另类事实 ❶。面对真正的事实，他们反而会辩称："那只是你们的观点。"当特朗普的拥趸们声称他赢得了 2020 年的总统大选，全然不顾所有事实都指向了相反的结论时，这种趋势达到了（迄今为止的）巅峰。

2020 年特朗普败选之后发生的一件好事是，脸书和推特一类的社交平台不得不为自己的言行承担起责任。它们不只是内容平台，也是发布方。这意味着它们发布的内容将受到更多的管控。仇恨言论并不等同于自由言论，谎言并不等同于另类事实。否则照此趋势发展下去，我们就离"新话"和"双重思想"不太遥远了。

特别是脸书，目前的情况是危险、淫秽、令人反感的内容更受欢迎。相比宣扬真与爱的内容，肮脏下流的内容会获得更多的点击量和分享次数（没错，我们就是这种人），而点击量和分享次数会带来广告收益。

脸书在 2020 年成立了监督委员会，声称这是一个由 40 名成员组成的独立机构。它独立于脸书存在，针对"个案和政策问题"提供"独立的审查和裁决"。最近，委员会通过了平台封禁唐纳德·特朗普脸书账号的决定。此前，脸书坚称自己只是一个平台，对用户发布的仇恨言论、色情影像以及故意散布的虚假

---

❶ 另类事实（alt-facts）是近年来流行于美国的一个新词，来自特朗普的顾问对媒体所做的一段发言，原话是："你们说这是谎话，但其实它只是'另一种事实'。"这被认为是一种诡辩。——译者注

信息不承担责任，如今它似乎渐渐接受了自己也是发布方和传播者，将种种内容散播给了 20 多亿用户的事实。

委员会能否真正改变脸书的运营方式？现在下结论还为时过早。

如今，人们已经不知道应该相信谁，或者相信什么了，因此，打造一个透明、真实、可靠、用行动来说话的社会成了一个十分诱人的想法。大多数人都会举双手赞成这个想法，但人们会赞成它所依托的那套算法程序吗？

最近几年中国率先推行的"社会征信系统"，吸引了全球越来越多的关注。这种评分制度旨在惩罚失信行为。对于失信的人，国家会施以"无法乘坐飞机头等舱""无法购买高铁票"等处罚。

推行社会信用评分制度似乎对纳税、施行缓刑禁止令、管制街霸都有好处。这将把社区打造成真正的"地球村"：邻里之间知根知底，知道该相信谁、该避开谁。

这是我们更愿意选择的生活方式——没有不能公开的姓名，没有怀疑和不信任。我们了解实情。这是我们可以依靠数据打造的世界，对不对？

依靠信息？

但给理想的世界加上一套算法，它就很容易变成推行高压政治和管控的工具。

这是乌托邦，还是反乌托邦？

这些"数字社交护照"被用来评定我们在社交和财务方面

的信用分数，或许还会将疫苗接种史作为评分标准——当我们思考它的出现究竟意味着什么时，不能只盯着"我和我的数据"。也就是说，我们不能只从中看到隐私问题和对于个体的管控，还要意识到这种评分制度被用在我们所有人身上——被用在群体、大众身上后，将产生怎样深远的社会影响。

照明公司称，数据不像石油，不是驱动数字化世界的原材料；数据像二氧化碳，是一种会波及所有人的污染物。

> 我们忽视了数据可能带来的社会集体性伤害，比如剑桥分析公司的数据泄露事件，它造成的社会影响和危害远大于每一位用户个人隐私泄露造成的危害的总和。
>
> ——马丁·蒂内，照明公司数字和数据权利部门总经理

想到 8700 万用户的个人隐私遭到泄露，你会觉得这桩窃取数据的丑闻影响巨大。如果这些隐私数据被用来定制用户画像，制作针对个人投放的政治广告，从而影响选举结果（就像 2016 年大选中特朗普团队所做的那样），那么整个世界都将因此受到影响。

如果"数字社交护照"变成了稀松平常的事物，如果这种"护照"被用来决定我们可以去哪儿、做什么、得到什么、支付多少金钱（比如信用更好的公司可以花更少的钱租赁共享充电系统），那么我们集体和个体的生活方式都将改变——或许这还会让我们变得缺乏同理心。我们不知道那些被系统拒绝、无视，或

者被迫支付双倍价格的人拥有怎样的数据，但总会觉得他们被这样对待是有道理的。他们总得有什么地方做错了吧？

我们都很享受那种"自己比别人更优越"的感觉。

埃隆·马斯克和萨姆·阿尔特曼（创投机构 Y Combinator 的首席执行官）在 2015 年成立了 OpenAI，这家非营利机构旨在推出更多兼容性的 AI（让更多人受益），并研发安全的 AGI 系统（我们可不想陷入和"天网"的战争之中）。

马斯克不久就离开了这家机构，原因据他所说是"利益冲突"——他尤其警惕通用人工智能，担心某一刻 AI 会变为自主的、能够自我监督的系统。这或许是因为，对于马斯克这种自诩为"电音之王"❶、不可一世的人物，AGI 只需一瞥就足以置其于死地。不过这就是题外话了。

将 AGI 视作"外来"的潜在敌人，正如我们总是喜欢将敌人视作"异类"——相较事实真相，我们更容易从心理上接受这样的叙事。而事实真相是，我们才是真正的威胁，我们不知道该怎么运用自己研发出来的 AI 去造福全人类。所有国家都难辞其咎。我们都没有意识到，人类并不是受害者，而是侵略者。

工具并没有反过来攻击我们，是我们将它对准了自己。

2017 年，马斯克参与了未来生命研究所的会议。会议的目的

---

❶ 原文为"Techno-king"，这是马斯克在特斯拉使用的头衔，他认为"CEO"的头衔只是虚名，意义不大。"Techno"是一种电子音乐流派，而马斯克本人是电子音乐爱好者，因此申请使用了这一头衔。——译者注

是为当前如何使用 AI，以及未来如何使用 AGI 确立一系列准则。

未来生命研究所位于波士顿，由马克斯·泰格马克和贾安·塔林共同创立，前者是麻省理工学院的物理学教授，写过几本关于 AI 的著作，后者是 Skype 的创始工程师。

在加州的阿希洛马会议中心，大约 100 位科学家、律师、思想家、经济学家、科技权威和计算机科学家用整个周末的时间制订了 23 条研发 AI 时需要遵守的准则。

这些准则是对"机器人三定律"的重大发展。著名的"机器人三定律"由艾萨克·阿西莫夫提出，在他 1942 年的短篇小说《转圈圈》中首次出现。

1. 机器人不得伤害人类，或因不作为而让人类受到伤害。

2. 机器人必须服从人类的命令，除非这些命令与定律 1 相冲突。

3. 机器人必须保护自己，只要这种保护不违背定律 1 和定律 2。

AI（或者在阿西莫夫的定律中，特指有实体的机器人）必须为了全人类的福利而存在。就目前来看，这一原则其实并没有被很好地付诸实践。

参加这次会议的大多是白人男性，未来生命研究所的顾问团也主要由白人男性构成。如果规划阶段的准则制定者们并不具备

"多元性"，那么这就是与"女性数据匮乏"相同的歧视。AI 没有肤色和性别，但如果我们在各个阶段都将它设计得更像白人、更像男性，就会让亟待解决的问题雪上加霜。

如果我们真的想让 AI 和 AGI 造福大众而不是少数人，那么受邀参会的代表中，就必须包含更多有色人种、更多女人、更多来自人文学科的人，而不是清一色的男性物理学家。

我希望看到人们自然而然地邀请知名艺术家和公共知识分子，请他们在科学、技术和政策的各个层面上给出建议。艺术不是休闲产业；通过各种各样的发明与创造，它始终在想象力和情感领域与现实角力。它给予我们从不同角度进行思考的能力，让我们愿意改变对自我的认知。它旨在帮助我们成为更明智、更内省、不再那么恐惧疑虑的人。

艺术家每天都在"无中生有"地创造。艺术家过着形形色色、全情投入的生活——他们大多都知道贫穷和拒绝的滋味。与此同时，我们在做的也正是构想另一种可能。

反观 AI 在当今社会中的开发和滥用，我们就会明白，眼下的困境并不是科技层面上的。

我们社会体系的变化，我们对于阶级的迷恋，财富与权力日益集中在少数人手中的事实——这些事情共同推动着我们与 AI 之间的关系——日益令人不安。

当我提到应该有更多的女性参会时，我指的不仅是女性企业家、行业领袖、律师或者学者。我们将这些女性看作与家庭、子女无关的存在（我们就是这样看待男性的），而这样的视角并不会带来帮助。

新冠疫情造成的影响之一，就是家庭与工作场所合二为一了。每个有孩子的人都经历过这样的情形：召开视频会议时，宝宝会从镜头前爬过——而且永远是以一种最不合时宜的方式。然而呈现在这幅图景中的，是生活经验的总和而非对立，没有工作与家庭的对立，也没有职场女强人与家庭主妇的对立。AI 正在打破空间、加速时间。时空连续体已经发生了变化。

让我们基于这种新现实来审视眼下的困境——别忘了，这不是科技层面上的困境，而是社会问题。在讨论 AI 未来的会议上，让我们将焦点从这位"惯常的敌人"身上移开，去关注引发更多困境的问题吧。

语言是个大问题。想一想那些已经无人使用的语词、高深难懂的学术用语，还有许多会将其他领域中那些聪明、好奇的人拒之门外的专业表达。你明白什么是"歧义消除"吗？明白什么是"参与型机制""快速线上审议"吗？

看看阿达·洛芙莱斯研究所的这段发言：

隐私加强技术（PETs）作为一种帮助确保法规能够被遵循、商业机密信息能够在普遍意义上得到保护的技术，得到了越来越多的支持，例如促进信息假名化的技术、数据加密和权限控制技术（对于传送中的数据和静态数据），以及差分隐私、同态加密等更为复杂的隐私加强技术。这个领域包括一些已经成熟的市场产品，而其他产品则还需要经历重大发展。

我并不是在故意给阿达·洛芙莱斯研究所的这群学究挑刺儿——我是他们的狂热支持者，但阅读他们写下的文字真是一种折磨，而他们远不是这个领域中唯一的"文字杀人魔"。这样的叙述太常见了。当一家如此可靠的科研机构开口畅谈自己的工作，试图让那些比较聪明、比较有兴趣的人了解情况时，措辞表达很重要。

而当这些机构努力让自己的话语变得容易被用户理解时，他们的发言中就会充斥着各种老套的营销用语：利益相关者、不良行为卖家、产品蓝图、蓝天思维❶、"唾手可得的果实"、推动者、新技术推广……

会议上的情况最糟糕。我曾经参加过一些会议，熬到下午时分，我已经因为晦涩的术语和表达在巨大的精神压力下大汗淋漓。

我们需要让作家参与其中，需要那种能够与人沟通的语言。这并不是"低能化"，并不是降低标准，而是发挥作家们的长处：寻找一种清楚、准确、日常的语言，它不止于满足实用性，也不使用难懂的行业术语，同时还具有美感。

在数字世界中，数学家、物理学家以及一些程序员都是"美"的狂热追求者。方程式具备美感，正是因为它小巧而精简。所以，

---

❶ 原文为 blue-sky thinking，指放飞思绪、不拘一格的思考过程。——译者注

各位 AI 领域的朋友，请把那些善于写作的人纳入进来吧。拜托了。

我们正在踏上人类历史的关键跳板。这事关未来——我们有没有机会构建一种截然不同的未来。改变世界的工具已经在我们手中，但正如我一再说明的，问题就存在于我们自己的头脑之中。

*

我的寄养家庭信仰基督教福音派，始终期盼着迎来末日天启。在这样的环境中长大，我为横亘在大家头脑中的一块巨石感到深深的担忧，将它描述为"末日迷恋"再合适不过。这是一种对于末日启示的痴迷。

人类身上有一种灾厄的特质。人会去世，家族会消亡，王朝会倾覆，帝国会瓦解，历史被描述为一个又一个的终结，然后迎来最终的末日。对天神的崇拜便以末日的存在为前提。那时世间的城池将毁灭殆尽，得到救赎的人会被送往天堂。

基督教新教的创立者马丁·路德声称，世界将在 1600 年迎来末日。建立了新教循道会的约翰·卫斯理则认为末日将在 1836 年降临。查尔斯·曼森预测 1969 年是世界末日，拉斯普京则认为是 2013 年。

很显然，当原子弹摧毁了广岛和长崎时，我们不再需要末世预言了——只要愿意，我们随时可以让世界终结。"二战"爆发以后，我们无须再去好奇该如何摧毁整个世界。

我们还能通过其他的方式终结世界。

栖息地破坏、工业污染、灭绝除人类以外的一切生物。第六次大灭绝正在有条不紊地进行，破坏着连接各种生态系统（从蜂群到灌木再到河流，都是我们赖以为生的存在）的网络。98%的可用农田不是已经被耕种了，就是遭受了无法复原的损害，而人口却在持续增长。我们认为大自然"精简"人类的方式（新冠病毒的蔓延就是其中之一）十分惨烈，却并不将它视作我们自身行为导致的必然结果——抑或是一种我们不得不承受的结果，意味着我们将做出真正的改变。

我不相信人类的生命要比地球上其他的生命更珍贵，或者比地球本身更珍贵。当战争成为权宜之计时，也不会有哪一个政府更金贵。在人类的自负与人类的愚蠢之间，我不知道哪一样更糟糕。

如今，超级富豪们正在买下新西兰、澳大利亚、美国和俄罗斯的大片土地。中东富有的投资者们已经将目光对准了土耳其和萨拉热窝地区，寻找着有大量可用土地，不受高温、缺水和内乱侵扰的地方。

在更下层的食物链上，人们沉迷于各种各样的"生存主义计划"——主要是美国人。这些计划包括在自家地堡里储存足够维持一年生活的干粮和弹药，甚至建立类似社会主义国家中的人民公社。人们分摊费用，合力购买土地、储存燃料、自己种植粮食。这些生存主义者身上，体现着美国由来已久的拓荒精神。

"薇佛"（Vivos）是世界上最大的末日避难所。它坐落在西达科塔州，曾是一处军事基地。如今它被私人收购，内部房间的出租价格在新冠疫情后一路飙升。

这个避难所大约占地 50 平方千米（面积与曼哈顿相当），四周围着链条，里面是 575 个末日地堡。周围长 160 千米的私人道路上有安保人员巡逻。为居民准备的装备齐全的地堡房间中还有 LED 灯组成的"窗户"，可以模拟户外风景。一旦踏入其中，你和你的家人就不会再受到化学、生物和核武器的威胁，并可以免受病毒、自然灾难、武装组织和独裁政府的伤害。除非你不得不离开地堡，除非你发了疯，杀死了地堡中的每一个人，只留下一条狗❶。

你也可以考虑"海上家园"。

这项计划将大海视作新兴城市。它的官方宣传网站上，充斥着一种风平浪静、生态友好、人人平等的氛围——家家户户都在船上安宁地生活着，帮助大海恢复自然生态平衡。

事实上，"海上家园"是为了建立不受土地税和土地法约束的社区。在计划的支持者们看来，"海上家园"巧妙地改变了人类一直以来的行为和习惯——为了探索世界，或是捍卫个人信仰而单打独斗。这种生活方式就像是阿米什人❷登上了诺亚方舟，或者开国元勋们，将拓荒精神与根深蒂固的信念紧密结合在一

---

❶ 这是美国电影《狗镇》的故事情节：善良的少女误入狗镇后，被人们当成狗一样虐待，最后她愤怒地杀死了所有人，只留下了镇上的一条狗。——译者注

❷ 阿米什人：指美国和加拿大安大略省的基督新教再洗礼派门诺会信徒，过着简朴、与世隔绝的生活，并拒绝使用现代科技产品。——译者注

起。若是从更狂野、更炫酷的角度来看，这些船只仿佛共同组建了一家海盗电台❶。还记得卡罗琳电台吗？

而在这项计划的怀疑者们看来，"海上家园"其实就是一艘现代版的海盗船。它劫掠的是我们对实际所处的世界，或者说是对我们脚下的世界，脚下的土地应尽的社会义务。

"海上家园"计划带有一种乌托邦式的浪漫。它富有想象力，而在思考我们应该去往何处、应该如何生活时，我们需要想象力。但一如既往，问题出在有钱人身上。

"海上家园协会"的创始人之一彼得·蒂尔是 PayPal 的创办人、脸书的早期投资者、百万富翁、基督教徒，在信仰福音派的家庭中长大。蒂尔十分喜欢"建立自由漂浮的城邦国家"这一构想。他不喜欢税收、管制，乃至民主国家。

很有可能，在未来的反乌托邦世界中（如果我们走上了这条路的话），人们会利用先进的科学技术制造出各种各样的小面积领地，以摆脱政府的监督和管控。未来的反乌托邦世界将是一个私有化的世界，是一个集体行为注定会消失的世界——未来将成为私有物。

包括太空。

在科幻作品中，如果不想居住在遭受污染、气候灼热，充斥

---

❶ 海盗电台：指非法的地下电台。后文的"卡罗琳电台"是最著名的海盗电台之一，它的基地位于一艘船上，这艘船为了摆脱 BBC 的管制驶入公海，全天候向听众播放摇滚乐，它的事迹曾被改编为电影《海盗电台》。——译者注

着没有高速流量的穷人的地球上，那就去往太空。

火星是眼下最热门的选择。在电影《火星救援》（2015 年）中，马特·达蒙在那颗红色星球上艰难求生的情节为我们构筑了充满希望的图景：孤身一人的英雄冲破万难在火星上生存。

埃隆·马斯克说他希望在火星上死去。我想，如果他真能登上火星，那实现这个心愿大概算不上是多难的事。

有钱人喜欢火箭。理查德·布兰森拥有"维珍银河"太空飞船。杰夫·贝索斯在 2020 年辞去了亚马逊首席执行官的职务，以集中精力开发他个人的太空项目——"蓝色起源"。"电音之王"马斯克称，2050 年，他将通过私人项目将人送往火星（他坚信自己可以凭借生物增强技术健康地活到那个时候）。一旦登陆，他的"新自由主义火星人们"就可以通过为马斯克（或许是在矿坑中❶？）工作，偿还自己的太空旅费。这不正是殖民地上常见的行径吗？

暂且不谈这些"极富远见之人"落后的观念，人们确实总在畅想着火星和其他星球上的生命形态。描写月球上的外星生物，以及人类如何登月寻访它们的故事数不胜数。自人类有梦想以来，我们就一直在梦想着离开地球，而就像我们所有的梦想一样（比如飞翔的梦想、潜入大洋之底的梦想、和相隔万里的人即时对话的梦想），这太空之梦也终会实现。我们必须注意的是，谁掌管着这个梦想？

---

❶　马斯克热衷于获取矿产资源，曾收购多家采矿公司。——译者注

我不相信这份美差该落在埃隆·马斯克头上。

约翰尼斯·开普勒（1571—1630）创作过一个冰岛男孩被传送到月亮上的故事，并在其中隐晦地表达了自己不为世人认可的行星运动定律。

《鲁滨孙漂流记》的作者丹尼尔·笛福擅长创作人被困在陌生环境中的故事。他在小说中虚构了一种叫"拼装机"的东西，可以将人从中国送往月球。

儒勒·凡尔纳在 1865 年出版了大受欢迎的作品《从地球到月球》。

H．G．威尔斯 1901 年出版的《登月第一人》就像是一份对新世纪的欢迎礼。紧随其后的是 1902 年的《月球旅行记》——史上第一部科幻电影。这部片长仅有 13 分钟的电影，是一部可爱的魔术幻灯片❶，特别是在展现月球之谜方面。

"二战"之后，前纳粹分子韦纳·冯·布劳恩推动了火箭技术，他研制的 V-2 火箭曾在战争中使伦敦惨遭重创。V-2 的名字听上去颇具科幻感和技术含量，但它实际上是 "Vergeltungswaffe 2" 的缩写，意为"复仇武器"，是希特勒亲自下令研发以对付英国的。

V-2 火箭由集中营的犯人们在极为恶劣的环境中制造，因为

---

❶ "魔术幻灯"是一种早期的投影机，形态是一个铁箱，里面有一盏灯，在箱的一边开一个小洞，洞上覆盖透镜，将一片绘有图案的玻璃放在透镜后面，灯光通过透镜和玻璃，会将图案投射在墙上。——译者注

制造火箭而死的人，甚至要比被火箭炸死的还多。

通过杜鲁门的"回形针计划"，美国为冯·布劳恩和许多著名纳粹科学家恢复了名誉。这个计划是为了让美国在与苏联的竞争中更占优势。早在1952年，冯·布劳恩就开始为美国推进火星项目。与此同时，他担任了迪士尼工作室的技术总监，直接受沃尔特本人领导。

冯·布劳恩1958年被调往刚刚成立的美国太空总署后，将注意力从火星项目转移到了登月计划上。月球上的一个火山口就以他的名字命名。

然而，住进末日地堡、抢占土地、建立"海上家园"和依靠契约工来维持运转的太空殖民地，真的是我们所能拿出的最好选择吗？

难道我们不能抽点出时间，去解决脚下这片土地上的问题吗？

有人说这种应对危机的方式很女孩子气（把你弄乱的东西收拾好，把你的卧室打扫干净），与男孩子式的远见卓识（我行我素，把烂摊子留给被人收拾）相悖。老天，这也太二元对立、太性别主义了。男性和女性需要共同努力来解决生存问题，因为问题的关键不在于去往太空——将太空与地球对立，只不过是创造了另一种"我们"与"他者"的对立。让我们双管齐下吧。

你有什么看法？

我的看法是，我们需要放下自己对于死亡的迷恋。弗洛伊德在20世纪初警告我们，人类（尽管他指的主要是男人）深深迷恋着死亡。这种迷恋凌驾于他所谓的"唯乐原则"之上。

嗯，好吧，似乎我们长久以来确实如此。

为什么不放下呢？

放下死亡。

包括放下那种虽生犹死的生活，世上有太多人就好像生活在坟墓中。

为大多数人放下死亡。为少数人生活。.

如果我们将手中的铁锤砸向历史——就像苹果 1984 年的广告中那样，那么将锤头调转方向对准科技将拯救我们——那么在人类历史的这个关键节点上，这将拯救我们所有人。

6500 万年前，似乎有颗小行星撞击了地球。它坠落在如今的墨西哥尤卡坦半岛，引发了翻天覆地的气候变化。这不关恐龙的事，却让它们走向了灭绝。在恐龙出现之前的二叠纪，地球上遍布着爬行动物，但占据主导地位的生物是三叶虫，也就是一种巨大的潮虫。虽然只是虫子，它们却肆意繁衍了大约 3 亿年。对潮虫来说，这样的命运不算太坏了，恐龙也只存活了 1.65 亿年。

人类呢？从我们进化出大致的人形，到今天也不过只有 3 万年的历史。人类的文明史有 6000 年，工业革命只发生在 250 年前。至于电脑？它的历史仅有人的一辈子那么长。

人脑是我们已知的宇宙中最为复杂的事物。从数字信息的角度讲，它可以储存 250 万千兆字节的记忆。它大约拥有 1000 亿个神经元和 100 万亿个突触。它维持运转所消耗的能量还没有一只灯泡大。它可以大规模地同时处理多种信息。电脑要比人脑快得多，但目前电脑大多只能处理串联信息，而非并行信息。人类是可以一心多用的生物。尽管我们笨拙老旧的身体有着种种缺陷，思维却向四面八方散发绚烂光芒，但正如哈姆雷特所说，这样一来我们就有了噩梦……

那是末日吗？是梦魇吗？

我和许多不喜欢"超人类主义"（通过生物科技手段优化和增强人类肉体）的人有过争论。我不明白他们为什么会"不喜欢"这种手段。人类经过漫长的进化走到了今天，现在是时候由我们接过主动权了。

这远不是反乌托邦、噩梦或世界末日，人类根本没有走向灭绝，我们反而延长了自己基因的存活时间。

超人类主义是技术性思维中十分乐观的一面。

基因编辑技术；监测我们健康情况的植入物；在血液中流动着的，为我们清除毒素、摧毁不健康的脂肪细胞的纳米机器人；通过干细胞培养的备用器官，让我们无须苦等合适的捐献者出现；甚至还有让我们更强壮、更敏捷的人造心脏和义肢，以及将我们直接与网络相连的神经植入物等。

如果我们开始与这些我们亲手创造的 AI 融为一体——我是说，如果我们开始成为"工具包"的一部分，不再只是外部的操作者，而是成为技术本身固有的一部分；再没有"我们"与"它"的区分，那么……

那么我们周围就不会再有敌人。我们将担负起对自己的责任、对 AI 的责任，以及日后对 AGI 的责任。

哲学家、AI 专家、《超级智能：路线图、危险性与应对策略》的作者、牛津大学人类未来研究院的院长尼克·波斯特洛姆是一个超人类主义的狂热支持者。在他看来，我们必须与 AI 合为一体。我们必须改善自身，因为我们具备这个能力。人类需要配得上自己亲手创造出来的东西。

但如果事态的发展远不止于此呢？如果 AI 变成了 AGI 呢？人类（甚至是超人类）身上有哪一点能与这样的智能相提并论？

你可以玩一个有趣的游戏，它由美国机器智能研究所（这家机构如今坐落在硅谷）的联合创始人埃利泽·尤德考斯基设计。

尤德考斯基推崇人性化设计的 AGI——也就是不会对人类造成伤害，但是比人类更智能的 AI。

尤德考斯基的游戏想象了这样一个场景：一个具备超常智慧的 AGI 系统被人类看守者控制着——或许是限制了它的网络访问权限，或许是对它实施了物理监禁，把它关在了法拉第笼❶里。

AGI 想要摆脱束缚——它当然想了！它的任务是说服人类看守者放自己出去。这就像是"瓶中精灵"的人工智能版。游戏长度为两小时，只有纯粹的文字互动。显然，AGI 和看守者的角色眼下都会由人类扮演。通过扮演 AGI 的角色，尤德考斯基亲自向我们展示了人类将如何在 AGI 的哄骗和劝说之下，依照它的心愿行事。

---

❶ 法拉第笼：由金属或者良导体做成的笼子，可防止电磁场进入或逃脱。——译者注

这是因为我们的大脑中存在边缘系统❶。我们不是仅具备理性的生物，我们还拥有情感。我们可以被收买，我们可以被说服，我们可以想象，我们可以同情。

如果一个精心设计的系统无法被感化、被讨好、被收买、被说服，却可以将所有这些手段施加在我们身上，那么当我们与它互动时，会发生什么呢？

按照波斯特洛姆的观点，AGI 不会像科幻作品中描述的那样敌视人类——它只会对我们的愚蠢漠不关心。

AGI 不会在意法拉利跑车、黄金、权力和抢占土地——它不需要像人类一样吃喝、睡觉、做爱、生育。它会思考其他事情，而我们则有可能会被扫地出门，一如我们曾将地球上的许多同伴扫地出门那样——其中有人也有"非人"。

如果我们发现自己研发的智能工具拥有了自我意识，发现它们不再是工具，而变成了生物，那么当然，我们所处的世界就会变成电影《侏罗纪世界》的翻版，只不过这一次供人观赏的"恐龙"是我们。

人类将被圈养在一颗干涸的星球上，在这片"保护区"中，有购物频道、社交媒体、许多电视和虚拟现实影像，以及疾驰而过，却始终在兜圈子的汽车。或许这更像是一座末日大本营，里面塞满了各种各样的生存物资，却并没有真正的末日会降临。疫

❶ 边缘系统：大脑中的海马结构、杏仁体等负责情绪、行为及长期记忆的结构。——译者注

情期间的封城经历已经证明，如果能得到充足的物质享受、娱乐消遣，再加上几个小玩具，人类很容易就会屈服。

在这座侏罗纪汽车公园中，在这座由机器人掌管一切、如同"西部世界"❶一样的乐园中，我们做什么都无所谓，因为我们的行为根本无关紧要。而既然一切都无关紧要，我们就可以认为自己仍然是世界之王（但就连这也可能是一种被灌输给我们的错觉）。

我不确定这种解读是否合适，它讲的仍然是那个老故事。

"AGI 终结人类"意味着真正的世界末日。我们必须制造出一个外在的超级敌人。

"AGI 拯救人类"则是我们末日的对立面——救世主归来。我们在这样的叙事中又创造了什么？一个新的敌人，还是一个新的上帝？

我们不必只是因为太过熟悉这个故事，就一遍又一遍地把它讲下去。

如果有一天我们真的被扫地出门，从历史中退场，罪魁祸首不会是那些心存报复或无动于衷的 AGI；而是无法在未来世界中抓住机遇，只是一遍又一遍地重复过去的故事的我们自己。

人类在下一个发展阶段所需要的转变力量就在我们手中。

---

❶ 这里指美剧《西部世界》中的同名主题公园，这是一座高科技的巨型公园，里面的接待员都是机器人，但渐渐拥有了自主意识。——译者注

我们准备好了。

下面两个事例展现了现阶段人类与 AI 合作中的务实之美。

2021 年，一家美国公司标价出售了一栋 3D 打印的房子。它十分环保，对能源需求小，建造时间短、成本低。

3D打印机利用CAD（计算机辅助设计软件）——一种建筑师、设计师、装配工、细木工作坊、墙纸生产方日常使用的工具，通过分层技术来建造实物。分层的打印材料可以是塑料、合成物、生物材料，甚至菌类的纤维。打印出的实物可以有不同的形状、大小、硬度和颜色。

想要打印一栋房子，只需要一台像车库一样大的 3D 打印机。工人们睡觉时，房屋的嵌板可以被连夜制造出来。没错，这听上去就像天方夜谭。第二天早上，嵌板已经准备妥当，只待组装了。

墨西哥有一个由 3D 打印房屋组成的社区，这些房屋专供低收入群体居住，日租金 3 美元。它们可不是贫民窟，而是隔热、节水的体面住宅。它们也很环保，3D 打印不会使用严重污染环境的混凝土砖。

我们可以利用这种计算机技术解决住房危机。

我们也正在探究人体最深层的奥秘。

2020 年，IBM 的超级计算机"蓝色基因"据称攻破了生物学领域中的一个重大难题：蛋白质折叠。

蛋白质是由氨基酸串接而成的链条，大多数生物过程都围绕着蛋白质结构展开。蛋白质的结构多变而美丽，就像立体折纸工艺，每一处折痕都精确而独特。如果科学家能弄懂蛋白质的折叠方式，他就能了解蛋白质的功能。这项工作漫长而缓慢，但已经是过去式了。

我记得 2020 年底读到那篇报道时的情境，那时特朗普的白色恐怖正笼罩着世界，另类右翼就像一个引力巨大的黑洞（光是无法逃离黑洞的）。

那篇报道不在报纸头版——它发酵了一段时间才挤上头条，而且没过多久就烟消云散了。是不是新闻媒体太过痴迷于死亡，以至无暇注意生命？

然而，如果不去注意这些等着我们去经历的根本转变，如果我们只是紧盯着那些问题和差错，我们就会建立起一座令人恐惧的反乌托邦，而 AI 会帮我们添砖加瓦。

那时，我们就真的只能寄希望于 AGI 将我们关在侏罗纪汽车公园里，因为到了那里，我们就不可能再做什么错事了。

做出任何选择都要承担其后果。

如果我们能将自己看作一个不断进化、不断形成的物种，如果我们能将智人看作一个阶段，而非最终的结局——看作定义我们真正身份的开始——那么未来就不会沦为《1984》中的样子。

或是《终结者》的翻版。

末日不会到来。

12. 我爱，故我在

时间已使他们变得
不真实。无意而为的
岩石的忠贞，已慢慢变成
最后的徽盾，为了印证
我们的一丝直觉几近真实：
爱，将使我们幸存。❶

——菲利普·拉金，《一座阿伦德尔墓》，1956 年

2021 年初，当世界上的每个人都在忙着自我隔离时，一个机器人拥有了同理心。

《自然科学报告》上刊载了一项哥伦比亚大学工程学院的研究，论文的第一作者陈博远解释道："我们的研究成果展示了机器人如何站在同类的立场上，通过另一个机器人的视角来看待世界。"

这听上去有些乐观。实验中，"观察者机器人"会根据同伴机器人当下动作的逻辑，预测它接下来的动作。（这算是转变了视角吗？）我不知道自己会不会得出研究者们那样深远的结论，

---

❶ 此处引文摘自舒丹丹译《高窗：菲利普·拉金诗集》，上海人民出版社，2016 年。——译者注

认为这展示了一丝原始的同理心——因为同理心需要包含情感联系，而这对机器人来说并不可能。至少目前还不可能。

我完全相信机器人能学会互相帮助，学会帮助同类和人类完成体力劳动。这种帮助可以是"先发制人"的，就像人类在帮助他人时那样（"我想你在××方面需要帮助"），或许当人类同伴感到疲劳时，机器人就会知道。这样的互动可以展示同理心吗？无论如何，"同理心"都是一个被过度使用的词语。想象一下当我们住在全自动的智能家宅中时，我们的家用电器彼此交流——智能冰箱可能会一边为我们感到难过，一边从 Siri 发送的食品订单中删除"冰激凌"，很遗憾，房屋的主人可是在减肥呢。

我不希望我家的电器感受到我的痛苦。

AI 观察家们大力呼吁我们通过编程，为智能系统（无论是有形的还是无形的）注入一种新特质，也就是埃利泽·尤德考斯基所说的"友好"。这个词听上去亲切又可爱，但实际上，它是一种很难企及的微妙状态，因为"友好"离不开批判。朋友不是只会说好话的马屁精。人类会交换彼此珍视之物（例如友情），这一点是显而易见的，然而一旦我们开始将交换的事物视作某种不带感情色彩的"东西"，将之灌输给没有大脑边缘系统的非生物体，那么这还称得上是交换吗？

我不想混淆"同理心"（它既取决于自我意识，也取决于对他人的认识——"我知道在这种情形下你会有什么感受、我会有什么感受"）和"预测能力"——预测你的、我的，或是一个机器人的行为的能力。

预测他人的行为已经成了实现目标的万能法宝，无论是政治目标还是商业目标。

几年前，"脸书可以预测你们的关系能否持久"成了各大媒体关注的新闻焦点。事实上，脸书有一个名叫"脸书学习流"（FBLearner Flow）的 AI 预测引擎。它能让 AI 通过你提供的数据信息了解"你这个人"，并与其他利害关系方分享这些情报。这些分享不是客观中立的，而是为了诱使或阻止你做脸书学习流推测你会做或不会做的事情——这取决于利益相关方是否会根据脸书提供的这些"洞见"，支付给他们更多的金钱。

如果你仍然觉得脸书决不会是一个伪装成自由社区平台的数据承包商，那就多去了解一下脸书学习流吧。

脸书拥有覆盖大约 20 亿用户的海量数据。

凡可以被预测的行为，就可以被操纵。

让我们回到 20 世纪初期，当时心理学作为一门新兴的科学，正一门心思地想挤进自然科学之列，与精神分析脱离关系；与所有那些有关潜意识——或者更糟，有关梦境解析的不可测量的理论脱离关系。

心理学急于摆脱情绪、内省、梦境、内心体验以及不以利己为目的的动机，在这股潮流中，哈佛大学的心理学家约翰·华生和 B.F. 斯金纳从俄国生理学家巴甫洛夫（没错，就是让狗条件反射流口水的那一位）的著作中得到启发，建立了他们有关条件反射的理论，也就是我们熟知的行为主义心理学。

华生在学派纲领《行为主义者眼中的心理学》（1913 年）中

写道：

> 在行为主义者眼中，心理学是自然科学中一个纯粹客观、以实验为基础的分支。它的理论目标是预测和控制行为。

机器人的行为是可预测的，因为它们已经被编好了程序。行为主义者们认为人类的行为是可预测的，因为我们在与环境的互动中也被编好了程序，即我们会在环境的影响下，做出可以很快被追踪和预测的特定举动及反应。特别是我们对于奖惩的反应。

斯金纳搭建了一个他所谓的"操作性反应室"。他喜欢科幻风格的术语，这或许和他曾经渴望成为小说家有关。

操作性反应室是用来关猴子、老鼠或鸽子的笼子，通过它研究者可以观察继而操纵动物的行为——一般是通过食物奖励操纵。这种人为制造的凄惨环境本身就极大地影响了实验者观察到的动物行为（如果你被关在一个空空荡荡、有强光照明、装有扩音器和触电装置的箱子中，被一个失败的小说家紧盯着，你会做出怎样的行为呢？）斯金纳和华生都否认了观察者和观察对象的互相影响，而当行为主义者钻研着这些凄惨的实验时，量子物理学家却在努力证明观察者和观察对象的密不可分。行为主义者不曾、不能也不愿承认，他们的实验方法极大地影响了他们在行为学上的任何"发现"以及"客观"结果。

还是华生的话：

给我 12 名健全的婴儿，让我在自己设定的特殊环境中养育他们，那么我保证，我可以随机挑选出一个婴儿，将他培育成我选定范围内的任何一种专家——医生、律师、艺术家、大商人，没错，甚至是乞丐和或小偷，无论他的父辈有何才能、嗜好、倾向、能力，或者做何职业、是何种族。

你会发现，斯金纳并不关心实验带给婴儿的是快乐、满足还是抑郁，或者是否会导致其自杀，甚至不关心他培养出来的医生、律师之类的专家能否胜任他们的工作。而实验是否会迫使这些健康的婴儿与他们所爱的人和事物分离，似乎也无关紧要。

亚里士多德说："从一个 7 岁孩子的身上，我可以看到他长大成人后的样子。"这句格言被耶稣会教徒满怀热情地奉为圭臬。它成了许多早教培训项目（无论是温和宽松的，还是严厉苛刻的）的理论根基，从家庭教学到蒙氏教育❶，再到列宁主义的学前教育。儿童极易受到外界影响。他们通过模仿，学习我们的说话方式、口音、吃相、日常行为、习惯、宗教信仰，而无论好坏。这就是我们教育和训练后代的方式。很明显，人类这种顺从、可造的天性是能够被操纵利用的。比如华生教会了一个孤儿去害怕一只温顺的白老鼠——他实现这个目标的方式是首先教会孤儿关心老鼠。斯金纳和华生都曾把猴子弄疯，以求验证"依

---

❶ 蒙氏教育是由玛丽亚·蒙台梭利发明的，在 20 世纪风靡西方世界的儿童教育法。——编者注

恋"的目的是"索取回报",因而只是暂时性的。那些焦虑地查看自己在脸书上收获了几个"赞"的人,一定会认同这套理论。

阿道司·赫胥黎的《美丽新世界》合理地设想了行为主义者的手段可能会导致的后果。每一位公民在出生时就被分配了一个身份,从精英阿尔法到"半痴呆"的埃普斯隆❶。你的基本生存需求,例如食物和住房需求会根据社会身份得到不同程度的满足,而药物会让每一个人欣然接受自己的身份,从而获得幸福感。在赫胥黎的暗黑畅想中,还颇具预见性地出现了基因干预技术。培育和训练从胚胎阶段开始。

在《美丽新世界》中,人们的内心生活被抹去了,因为它对国家的运作以及公民的幸福水平来说无关紧要。内心生活很难被操控,而更"糟"的是,拥有强大内心的人往往会质疑操控者。

20 世纪 20 年代到 70 年代初期,是行为主义心理学的黄金时代。70 年代后,民权运动和第二波女性主义运动都有力地质疑了这一学派有关人类行为的僵化理论,以及它对于"内心生活完整性"的轻视。

即使行为主义者的理论已不再那么流行,然而事实证明,他们有关"如何操纵人类行为"的研究成果,对于战后新兴的广告行业来说仍然是一座宝库,受到无处不在的电视广告的大

---

❶ 《美丽新世界》中,人在出生前就已经被划分成了五个社会阶层,分别是阿尔法、贝塔、伽马、德尔塔和最次等的埃普斯隆。——译者注

肆吹捧。

广告始终在玩弄操纵我们的白日梦，通过说服的艺术销售商品。

是的，人们可以被说服，对自己从不想要的东西产生欲望，对自己从不相信的东西产生信念，世事从来如此，但广告关乎"病毒载量"。

曾经出现在报纸、杂志和广告牌上的广告很容易被忽略。然后商业电台和电视成了它们的载体，这意味着无论你想或不想，广告都会进入你的大脑。它们变得更难被忽略。但广告活动仍然具有局限性，人们可以关掉收音机和电视。

接着互联网出现了。多棒的主意啊！我们都被联系在了一起，只是……

今天，你五花八门、同时运行的屏幕上弹出了多少广告？在某个人或某样事物试图夺走你的注意力前，你清醒的人生中究竟有几秒钟真正属于自己？这就是我所说的"病毒载量"。

只需点击一下那件开司米羊毛衫，你就会忘记刚刚在搜索的相对论——当你向下滚动那些将注意力和深刻思想摧毁殆尽的广告时，会看到爱因斯坦身着当季流行色的画面。

数据采集（那种你每点一次鼠标都会发生的行为）是一种开采我们表层内心生活的手段，为了牟利而将人类思想洗劫一空，并大肆破坏表层之下的生态系统——我们内心生态系统的一丝一缕都像真正的自然生态系统一样错综复杂。

行为主义者们排斥"内心生活"的概念，因为内心世界无法被测量。然而时代不同了，现在它可以经由鼠标点击量测量。你点赞的内容，你在照片墙和 Pinterest 上发布的图片，你社交平台上的个人档案——你读过的书、看过的展览、搜索过的假期攻略、查找过的文章，这一切都正在解锁你的幻想世界和私密生活。潜藏的事物被拖出了水面，就像那些搜刮海底的拖网渔船，它们造成的伤害远远不止过度捕捞。

相信我，你的信息正在被过度捕捞。

你正在遭受网络钓鱼的过度攻击。

下面是我对内心生活的了解。

所有孩子都拥有好奇、顽皮、善于想象的天性。至关重要的是，这三种天性都需要在交流与互动中培养开发。这既包含成人的帮助，也包含着无人监管、没有组织的活动。比如和其他儿童一起进行的游戏，其中将涉及发明与合作。这还意味着私人时间，但不是孤身一人度过的时间。阅读是一种独创的交互式体验，因为在阅读之中，思维必须积极地与文本协作。

我们的内心世界喜欢绘画、弹奏乐器、散步、唱歌等等孩子们会在昂贵的私立学校中进行的活动；还有每个人都会做的事——做白日梦。照料动物可以有效帮助孩子建立内心生活：这是一个与我不同的生灵，让我完成这次精神跃迁吧。或许照料一个机器人也有同样的效果，这一点我还不太清楚。

整天盯着电脑或手机屏幕既有害身体健康（至少就目前而言，我们仍然要依赖这具身体），也无益于精神生活。我们的内心生活就像所有生活形式一样，需要多样化，而时时刻刻泡在网上并不会满足这一需求。

内心生活并不是单向度的。对一些人而言，内心生活是一种精神体验，对另一些人而言它意味着与自然的深层联系；在很多人看来，它意味着一种与艺术的密切关系——书籍、音乐、绘画、戏剧，而这些体验相互重叠，彼此深化。每次我们做好一件事时，内心生活都会更加丰富充实——我们不只是做完了一件事，而且获得了一种与赞美和奖励无关的个人满足。

在内心生活的种种特质中，"自主"是最为重要的——我做这件事是为了自己，因为我乐在其中。

尽管内心生活是通过与外界的联系（无论是书籍、艺术、自然、哲学，还是宗教）建立起来的，但它是一块私密地带。

扎克伯格称隐私是不合时宜之物——他的意思可不是我们应该和人合租，行为主义心理学家不想浪费精力研究无法被（当时有限的手段）测量的内心生活，大型科技企业却可以测量它的方方面面，而且会对其中无法被货币化的部分感到不耐烦。如果无法获得"你"的隐私，网就必须下得更深，同时努力避免一切无法用点击量和点赞量衡量的事物的存在。

斯金纳设计操作性反应室的目的，是为了剔除他"不想要的刺激"。现实生活混乱不堪，总会有一些状况干扰实验，而且人类也很难被训练，因为即使是最封闭的环境或信仰体系，也可能会在某一天出现裂痕：修女会爱上园丁，没有朋友的孩子会遇到流浪狗。就算有国家监管审查，某些信息最终也会攻进缺口。

社交媒体希望用户待在操作性反应室一样的地方。那里没有未被跟踪的意外，也没有私密的操作。灯光彻夜通明，AI 助手监听一切。

这是针对一代人的攻击。对于那些已经建立了自主、私密、无关牟利的内心生活，并决定继续将这一方天地发展壮大的人来说，大型科技企业的新秩序所造成的伤害，要远比仍在探寻自我、寻找自己与世界联系的年轻人轻得多。这些年轻人在社交媒体的培养下，相信共享经济名副其实，就像它所承诺的一样美好。

然而，就像菲利普·迪克的短篇小说，或是《黑镜》中的情节，当你潜到水面之下，就会发现……眼前是另一层水面。

而在这之下——不过是又一层水面。所有事情必须被摆在水面之上，被摆在一层又一层的水面之上。深处很危险，不能允许深藏着的事物存在——当然，除非它们是终将以某种方式浮出水面的罪恶秘密，那么它们就可以被调用、被出售。人类不是摇钱树，不是一组组被打包好的数据。我们来到世上，不是为了在操作性反应室里接受操纵。大型科技企业可以轻易分散上亿人的注意力，并以此为武器控制我们的行为，最终赚取金钱。但这是不对的。

我们出售时间，出售劳动力，有时还必须出售自己的身体——有时我们不得不通过不情愿的方式挣钱，但我们知道"挣钱"（无论方式为何）与"变成钱"之间是有差别的。

像往常一样，问题的一部分在于我们使用的语词。大型科技企业没有创造，也无意创造真正的"共享"经济，这只是一种营销手段。我们并不生活在共享经济的体系中，我们生活在有史以来最不平等、分化最严重的通过工作获得报酬的经济体系中。

> 我们必须对互联网巨头不受制约、不受管束的政治权力施加民主限制。我们希望网络平台将自己的算法程序公开和透明化。我们不能接受对民主制度产生广泛影响的决定是由无人监管的计算机程序做出的。

这是欧盟委员会主席乌尔苏拉·冯德莱恩在 2021 年 1 月的发言，她呼吁人们通过确立互联网法案，而非单由公司政策，限制大型科技企业的权力。

眼下爱彼迎已经上市，好好想一想，它售卖的究竟是什么呢？是你的床。你会赚到几个小钱，他们则会大发横财。

亚马逊。下一次点击购买链接前，先暂停片刻，想一想那些不受工会保护的劳动力、微薄的薪水，还有工人们鸡笼般的工作环境：充斥着高强度的灯光和噪声，全无隐私可言；10 小时轮班，中间休息两次，每次半小时。想一想所有的工人都被系统标记，以计算工作量的事实。想一想工作中途去上厕所会被记为一次"离岗"的规定。

亚马逊的居家安防助手"Ring"（它被当作装有摄像头的门铃出售）可以让美国警方在没有授权许可的情况下获得监控录像。听上去似乎对办案很有帮助，也很高效？但这也是一种定期在私人领地对私人行为进行的拉网式搜查，其造就了美国最大的由企业把持、用户自愿安装的监控网络。Ring 和警方的合作关系备受争议，特别是考虑到面部识别系统的缺陷可能造成的影响——这些系统尤其不善于"识别"深色皮肤的面孔。令人难以置信的是，我们付钱让亚马逊监视自己，而亚马逊还能通过售卖我们的数据赚钱。公司最新的项目——"人行道计划"（Amazon Sidewalk）❶将使亚马逊智能音箱 Echo 的扬声器通过所谓的"网状网络"与 Ring 协作。这意味着就算你关掉这些设备，或者断开了网络连接，它们也仍然能被启动，因为它们会"找到"连接。

不过别担心，这只是一群好人在保障你的人身安全。

人类很容易被操纵。我们自负、轻信、易怒。我们总盼着天上掉馅饼——我们希望被人喜欢，哪怕自己其实并不招人喜欢。我们自怨自艾，希望把一切怪罪到别人身上。然而尽管我们是如此小肚鸡肠、缺点众多，大多数人也从未想过要像现在这样将自己挂牌出售。

人类不只是摇钱树。

人类的动力来自群体。我们热衷于帮助他人——这不是为了得到几个"赞"假装出来的。同情与怜悯是真实存在的。

我们身上的善良之处、我们能做出的善良之事，都需要被慢慢培养。但在这个世界上，有谁积极地致力于把我们培养成善良

---

❶ "人行道计划"是亚马逊推出的网络共享项目，目的是为智能家居设备扩展连接，它能让 Echo 音箱的扬声器、Ring 的摄像头等与邻近设备共享带宽，从而创建大型共享网络。——译者注

的公民、善良的人？

想象一下，如果大型科技企业的计划是让世界变得更美好。

如果无休止的广告能够被审查。

如果科技企业不得利用我们的一举一动牟取利益。

如果建立人与人的连接真的只意味着建立人与人的连接。

如果实时推送的新闻是真实严肃的，没有充斥着歪曲的信息和无关紧要的细枝末节。

如果仇恨言论不会被称为"自由言论"。

如果大型科技企业能够利用自己强大的影响力，鼓励用户们对地球负责，减少消耗，以更环保的方式出行，去寻找真正共享的、集体的解决方案——能够充分利用数据弥补短缺、分配盈余、衡量健康、分散风险、消除不平等，能够利用网络世界教育公众，而不去散播谎言和捏造的信息、阴谋论，以及白人至上的暴论。

能将世界变得更美好的技术，就是现在已经研发完成、可以投入使用的技术。

这是最好的时代，也是最坏的时代。

这是乌托邦，还是反乌托邦？

最简单的事情莫过于此。最困难的事情也莫过于此。

大型科技企业会被广泛接受，AI 会被广泛接受。我们势必会通过 AI 工具强化自己的身体、提升自己的思维。技术合成的人类一定会出现。当我们研发出 AGI，或者说当 AI 自行进化为 AGI 这种超级智能后，智人或许就将变为历史。谁知道呢？

如果真是这样的话，我们又该怎么将"人性"中最好的品质传承下去呢？

我们将如何向"非人"的生物解释说明这些品质？又将如何向自己解释说明这些品质？

然而内心生活是真实存在的。爱是真实存在的。

我为内心生活游说，将它视作一方圣地、一块试金石、一处疗愈之地；视作我们完整的人格、一场我们与不断发展完善的自我的私密对话、我们良心与道德的指南针；视作一种探索的乐趣、一种已知与未知的经验和想象世界之间深刻的联系；视作我们认为不会消亡的那部分自我——因为从某种意义上说，它会传承下去，作为智慧，作为善良，作为一种跨越时间的代际接触，作为我们最好的一面——我为内心生活游说，不只是由于它抗拒过度的曝光，还因为它就是光明本身。内心生活忌讳过多的来访者，因为它是我们与自己交谈，触碰我们既宁静又鲜活的那部分自我的场域。它是寒夜中的一声清响。

我为内心生活游说，因为它必须被培养，被自然和文化培养——这是人性的两大支柱，它将我们与这颗星球，我们与自己亲手创造的文明，以及其中艺术与建筑、科学与哲学的绚丽光彩连接。我们创造了世界——内心世界和外在世界，我们需要同时生活在这两个世界中，因为我们天生就是多种特质的融合产物。

我们已经是"合成生物"了，我们一直都是。

我们是沉思者，也是实干家。我们想象，也动手建造。我们卷起袖子做卑微的体力活儿，同时又凌驾于一切之上，既是白日梦想家，也是铲粪工。我们是美的生物，也是丑陋与恐惧的产物。

我们是糟糕透顶的失败者，也是难以置信的奇迹。

笛卡尔的"我思故我在"是对启蒙运动的反叛，它促成了我们科学与哲学思想的形成和发展，承认了我们的神性，压制着我们的兽性，将我们与其他生物区分开来。

我们已经登上了月球——很快我们就将登上火星；很快，我们就将与其他生命共同生活，而这些生命是我们通过进化遗传之外的手段创造出来的。

AI 的"思考"速度之快是我们永远都不可企及的。早期的计算机每秒钟可以处理 92000 条指令，现在则可以处理 1000 亿条。唯一束缚它运转速度的，是电子穿过物质时所受的物理限制。量子计算机不仅速度更快，而且效率更高，它会像我们的大脑一样并行处理信息，但其处理速度却是大脑决不可能达到的。

对于 AI 系统而言，思考——即"处理问题"，就是它的目的。思考将不再是人类独有的能力，人类甚至很有可能成为 AI 必须思考的问题之一。

提高智力无法解决我们面临的问题，正如科技也解决不了人类的困境。我们的缺陷（让我长话短说，因为道理很简单）根本与思考能力无关。

我们的问题在于爱。

我们拥有足够的智力，完全可以明白这一点。也正因此，每种宗教都会着力描绘一位或数位这样的神明，他们的天性就是无条件地热爱众生。爱至高无上，然而纵观历史，在理性与情感的斗争中，爱也被视为一项弱点、一条岔路、一种干扰和破坏。爱被降格为女人的事情——它是一种无形的缝补活儿，编织家庭成员之间的纽带，将社会凝聚在一起，它能让一个人保持理智，也能逼他走向疯狂。

我们将"爱"的概念与肉体分离，让它重新升入天空，与我们神圣的"超我"结合，成为神明所掌管的事物。然而与此同时，我们又以一种矛盾和补偿的姿态，不可避免地将爱具化为女性的肉体——正如男性所知，女性既是利用爱网俘获人心的狡猾猎手，也是爱焰的神圣守护者。

而男性——作为我们迄今为止大多数文学、哲学著作和宗教文本的书写者，在"爱"这件事上十分吃力。我们知道这一点，是因为他们留下了无穷无尽的资料，记录了自己的艰辛努力。

可以毫不夸张地说，眼下我们面对的所有难题：战争、仇恨、分歧、民族主义、迫害、分割、短缺、匮乏，以及地球灾难性的自我毁灭，都能够被爱修补。

我们拥有技术、科学、知识、工具。我们拥有高等学府、研究机构，拥有组织和财力。

那么爱呢？

我在 2021 年写下这些文字时，正值但丁去世 700 周年之际。

但丁的《神曲》于 1320 年完稿，也就是他去世的前一年。《神曲》的第一部是最著名的《地狱篇》，书中但丁被带领着进入地狱，游历了构成地狱的九层恐怖深渊。每一层都宛如一间行为主义心理学家的操作性反应室，其中所有的事情都一成不变，每一天都重复上演着同样的痛苦，灵魂每一天都重复着对于这些痛苦的凄惨回应，因为地狱就是如此——它就是一个一成不变的地方。

在第三部《天国篇》的结尾，但丁看到了神示。他终于看到了宇宙间那根本的事实"是什么"——不是"上帝是逻辑"，不是"上帝是思想"，不是笛卡尔所说的"思维之物"。

那个事实是："L'amor che move il sole e l'altre stelle."

"这爱撼太阳而动群星。"

*

爱远远不是一种反智的回应。爱需要我们竭尽所能调动每一种资源：我们的创造力、想象力、同情心，还有机智的、闪闪发光的、思考着的自我。

爱是一切的总和。

在生命的尽头，没有人会为爱后悔。

我相信，人类与其亲手创造的 AI 融为一体，是我们注定会见证的未来。"超人类"将成为一种全新的混血种族。

我们需要学习的东西有很多。眼前的挑战是我们前所未见的，因为我们从未发展到这一阶段——就算曾经到达过，也没能幸存下来，而是又开始了新一轮长达亿万年的进化历程。

一个完全由电力驱动的系统，将进化出怎样的感情纽带，目前还是未知数。彼时，我们会像拉金笔下的墓园石像那样，化作历史吗？又或许，我们会让人类境况中最好、最神秘的部分存活和传承下去，因为它不受制约？

尽管与科学理论相悖，我们仍然会将心脏视作与大脑类似的思想中枢。笛卡尔的"灵肉二元论"在我们的思维体系中根深蒂固。我们诉说心声、随心所欲、倾听内心、献出真心。面对那些没有大脑边缘系统的生命，我们也必须教会它们懂得什么叫"心碎"——这是任何一个纳米机器人都无法修复的伤痛，哪怕这些由 DNA 和蛋白质构成的机器人可以在动脉中流动，并修复人体。

我们最终剩下的是爱。

*

今天，也就是 2021 年 3 月 23 日，当我将这些文章发送给出版社付印时，我在收件箱中发现了三条新闻。

第一条：一栋火星上的数字化房屋被卖出了 50 万美元。

它是一件 NFT 艺术品——一份可收藏的数字资产。这类不可被复制生产的电子藏品有个不太动听的名字，叫作"非同质化艺术品"。这个概念与区块链上代币的所有权和身份证明息息相关，而区块链即是一种不可篡改的数字化公共账本。哪怕一件 NFT 艺术品拥有可复制的格式，也没有人能够复制它——如果你明白我所说的意思。

多伦多艺术家克里斯塔·金售出了这栋三维数字化住

宅，收藏者可以根据喜好布置房屋。

第二条关于西德尼·鲍威尔，她是特朗普竞选团队的律师，曾参与支持特朗普的"停止偷窃"活动，并扬言要揪出操控美国大选的"海怪"❶。日前，针对美国多米尼恩投票系统公司要求她赔偿 13 亿美元的法律诉讼，鲍威尔做出了回应。她声称邮寄投票系统操纵了选举结果，让拜登胜出，而此事正是委内瑞拉反特朗普阴谋中的一环❷。极右翼阴谋论者很喜欢这个麻痹人心的催眠故事，迫不及待地等待着"海怪现身"的时刻。

现在，西德尼·鲍威尔为自己做的辩护却是任何有头脑的人都不会相信。

最后一条：联合国儿童权利委员会发布了第 25 号一般性意见。

对于英国慈善机构"五权利基金会"来说，这件事具有里程碑式的意义。如今官方正式宣布，世界各地的儿童在网络世界中拥有隐私权和受保护的权利，一如他们在现实世界

---

❶ 2020 年特朗普竞选美国总统失败后，美国多地爆发了支持特朗普的"停止偷窃"游行活动。西德尼·鲍威尔则表示，大选中充斥着舞弊行为，投票系统出现了只给拜登计票等欺诈性行为，而她势要揪出那只在背后操控一切的"海怪"。为此，为大选提供投票机设备的多米尼恩公司向她提起了法律诉讼。——译者注

❷ 美国大选中使用的投票机，其背后的研发公司与委内瑞拉政府的关系非同一般，因此特朗普团队认为委内瑞拉操控了美国大选。——译者注

中享有的权利。

我将这三条"时光印记"留在这里,它们是未来的化石。

出版物、影视剧译名

《2001 太空漫游》	*2001: A Space Odyssey*
《J 之书》	*The Book of J*
《爱情岛》	*Love Island*
《奥德赛》	*Odyssey*
《奥兰多》	*Orlando*
《笨拙》	*Punch*
《编织万维网》	*Weaving the Web*
《便西拉的字母》	*Alphabet of Ben Sira*

《超级智能：路线图、危险性与应对策略》
Superintelligence: Paths, Dangers, Strategies

《超能陆战队》	*Big Hero*
《超人类主义》	*Transhumanism*
《沉思》	*Reflection*
《从地球到月球》	*From the Earth to the Moon*
《大都会》	*Metropolis*
《大都会》杂志	*Cosmopolitan*
《捣毁机器惩治法》	*Frame-Breaking Act*
《道连·格雷的画像》	*The Picture of Dorian Gray*
《德古拉》	*Dracula*
《地平线》	*Horizon*
《地狱篇》	*The Inferno*
《登月第一人》	*The First Men in the Moon*

《第二性》 *The Second Sex*

《独立宣言》

American Declaration of Independence

《非同凡响》 *Think Different*

《弗兰肯斯坦》

Frankenstein

《弗兰吻斯坦：一个爱情故事》 *Frankisstein: A Love Story*

《浮士德》 *Faust*

《福布斯》杂志 *Forbes Magazine*

《妇女的屈从地位》 *The Subjection of Women*

《复制娇妻》 *Stepford Wives*

《共产党宣言》 *The Communist Manifesto*

《光学》 *Opticks*

《国会法案》 *Acts of Parliament*

《黑镜》 *Black Mirror*

《黑客：计算机革命的英雄》

Hackers: Heroes of the Computer Revolution

《黑客帝国》 *The Matrix*

《后翼弃兵》 *The Queen's Gambit*

《花园》 *The Garden*

《华盛顿邮报》 *Washington Post*

《会饮篇》 *The Symposium*

《火星救援》 *The Martian*

《霍夫曼的故事》 *The Tales of Hoffman*

《霍华德庄园》 *Howards End*

《吉尔伽美什》 *Epic of Gilgamesh*

《计算机与智能》

Computing Machinery and Intelligence

《监控资本主义时代》

The Age of Surveillance Capitalism

《交易工具》　　　　　*Tools of the Trade*

《惊奇科幻》　　　　　*Astounding Science Fiction*

《卡萨诺瓦》　　　　　*Casanova*

《看不见的女性》　　　*Invisible Women*

《控制论》　　　　　　*Cybernetics*

《兰开夏郡工业制造区参观随记》

Notes of a Tour in the Manufacturing Districts of Lancashire

《劳卡诺恩的世界》　　*Rocannon's World*

《老大哥》　　　　　　*Big Brother*

《令人难以宽慰的农庄》　*Cold Comfort Farm*

《鲁滨孙漂流记》　　　*Robinson Crusoe*

《罗素姆的万能机器人》

R.U.R. (Rossum's Universal Robots)

《美国商业太空发射竞争法案》

Commercial Space Launch Competitiveness Act

《美丽新世界》　　　　*Brave New World*

《米德威奇布谷鸟》　　*The Midwich Cuckoos*

《摩西五经》　　　　　*the Pentateuch*

《魔童村》　　　　　　*Village of the Damned*

《暮光之城》　　　　　*Twilight*

《平等信贷机会法》　　*Equal Credit Opportunity Act*

《苹果笔记本》　　　　*The Powerbook*

《奇点临近》　　　　　　　*The Singularity Is Near*

《全面回忆》

We Can Remember It For You Wholesale

《人的权利》　　　　　　　*The Rights of Man*

《人类的由来》　　　　　　*The Descent of Man*

《人类简史》　　　　　　　*Sapiens*

《人类理解论》

An Essay Concerning Human Understanding

《赛博格宣言》　　　　　　*A Cyborg Manifesto*

《沙人》　　　　　　　　　*The Sandman*

《神秘博士》　　　　　　　*Doctor Who*

《神曲》　　　　　　　　　*Divine Comedy*

《石神》　　　　　　　　　*The Stone Gods*

《使女的故事》　　　　　　*The Handmaid's Tale*

《世界大战》　　　　　　　*War of the Worlds*

《顺其自然》　　　　　　　*Let It Go*

《她》　　　　　　　　　　*Her*

《太空旅客》　　　　　　　*Passengers*

《天才与算法》　　　　　　*The Creativity Code*

《天国篇》　　　　　　　　*Paradiso*

《外层空间条约》　　　　　*Outer Space Treaty*

《玩具总动员 3》　　　　　*Toy Story 3*

《晚安月亮》　　　　　　　*Goodnight Moon*

《女权辩护》

A Vindication of the Rights of Woman

《未来的夏娃》　　　　　　*L'Eve Future*

《未来简史》	*Homo Deus*
《乌合之众》	*Psychology of Crowds*
《物种起源》	*On the Origin of Species*
《西部世界》	*Westworld*
《吸血鬼》	*The Vampyre*
《吸血鬼编年史》	*The Vampire Chronicles*
《吸血鬼猎人巴菲》	*Buffy The Vampire Slayer*
《吸血鬼日记》	The Vampire Diaries
《心智社会》	*The Society of Mind*
《新瓶装新酒》	*New Bottles for New Wine*
《星际迷航》	*Star Trek*

《行为主义者眼中的心理学》

Psychology as the Behaviorist Views It

《性的辩证法》	*The Dialectic of Sex*
《厌女的男性》	*Men Who Hate Women*
《夜访吸血鬼》	*Interview with the Vampire*
《一般圈地法》	*General Enclosure Act*
《一座阿伦德尔墓》	*An Arundel Tomb*
《遗传的天才》	*Hereditary Genius*
《阴阳魔界》	*The Twilight Zone*
《银翼杀手》	*Blade Runner*
《隐藏人物》	*Hidden Figures*

《英国工人阶级的形成》

The Making of the English Working Class

《英国工人阶级状况》

The Condition of the Working Class in England

《英国国籍法》	British Nationality Act
《英国医学期刊》	BMJ
《与麻烦同在》	Staying with the Trouble
《月球旅行记》	A Trip To The Moon
《真爱如血》	True Blood
《终结者 2：审判日》	Terminator 2: Judgment Day
《重要的约会》	Heavy Date，165
《侏罗纪世界》	Jurassic Park
《转圈圈》	Runaround
《自然科学报告》	Nature Scientific Reports

人名和其他译名

A. A. 米尔恩	A. A. Milne
B.F. 斯金纳	B.F. Skinner
E. T. A. 霍夫曼	E. T. A. Hoffmann
E.M. 福斯特	E. M. Forster
E.P. 汤普森	E. P. Thompson
H.G. 威尔斯	H. G. Wells
J. 普雷斯伯·埃克特	J. Presper Eckert
W. H. 奥登	W. H. Auden
阿达·洛芙莱斯	Ada Lovelace
阿道司·赫胥黎	Aldous Huxley
阿尔伯特·爱因斯坦	Albert Einstein
阿尔科生命延续基金会	Alcor Life Extension Foundation
阿兰·图灵	Alan Turing

阿里斯托芬	Aristophanes
阿梅莉亚·埃尔哈特	Amelia Earhart
阿瑟·C. 克拉克	Arthur C. Clarke
埃德蒙·龚古尔	Edmond Goncourt
埃德蒙·卡特赖特	Edmund Cartwright
埃里克·施密特	Eric Schmidt
埃利泽·尤德考斯基	Eliezer Yudkowsky
埃隆·马斯克	Elon Musk
埃玛纽埃勒·沙尔庞捷	Emmanuelle Charpentier
埃尼阿克	ENIAC
艾拉·雷文	Ira Levin
艾萨克·阿西莫夫	Isaac Asimov
艾萨克·牛顿	Isaac Newton
爱迪生效应	Edison Effect
爱任纽主教	Bishop Irenaeus
安·莫法特	Ann Moffatt
安德鲁·马维尔	Andrew Marvell
安娜贝拉·温特沃斯	Annabella Wentworth
安塞波	ansible
奥布里·德格雷	Aubrey de Grey
奥古斯都·德·摩根	Augustus De Morgan
奥林匹娅	Olimpia
奥斯卡·王尔德	Oscar Wilde
奥逊·威尔斯	Orson Welles
巴甫洛夫	Pavlov
巴门尼德	Parmenides

德谟克里特	Democritus
蒂姆·伯纳斯-李	Tim Berners-Lee
多米尼克·卡明斯	Dominic Cummings
厄休拉·勒古恩	Ursula Le Guin
菲丽帕·福西特	Philippa Fawcett
菲利普·迪克	Philip Dick
菲利普·拉金	Philip Larkin
费里尼	Fellini
弗吉尼亚·伍尔夫	Virginia Woolf
弗朗西斯（弗兰）·比拉斯	Frances Bilas
弗朗西斯·高尔顿	Francis Galton
弗里茨·朗	Fritz Lang
弗里德里希·恩格斯	Friedrich Engels
戈登·摩尔	Gordon Moore
格雷戈尔·孟德尔	Gregor Mendel
格蕾丝·赫柏	Grace Hopper
古斯塔夫·勒庞	Gustave Le Bon
哈罗德·布鲁姆	Harold Bloom
赫尔曼·何乐礼	Herman Hollerith
赫拉克利特	Heraclitus
后藤天正	Tensho Goto
回形针计划	Operation Paperclip
加来道雄	Michio Kaku
贾安·塔林	Jaan Tallinn
简·奥斯汀	Jane Austen
简·玛格丽斯	Jane Margolis

杰夫·贝索斯	Jeff Bezos
杰克·古德	Jack Good
卡尔·兰德斯坦纳	Karl Landsteiner
卡莱尔·卡伦	Carlisle Cullen
卡雷尔·恰佩克	Karel Čapek
卡莉·克劳斯	Karlie Kloss
卡罗琳·克里亚多·佩雷斯	Caroline Criado Perez
卡斯帕罗夫	Kasparov
凯·麦克纳尔蒂	Kay McNulty
凯瑟琳·理查德森	Kathleen Richardson
凯瑟琳·约翰逊	Katherine Johnson
凯西·克莱曼	Kathy Kleiman
克莱尔·克莱蒙	Claire Clairmont
克莱斯勒公司	Chrysler
克雷格·文特尔	Craig Venter
克里克	Crick
克里斯塔·金	Krista Kim
拉里·佩奇	Larry Page
拉莫娜	Ramona
拉斯普京	Rasputin
莱布尼茨	Leibniz
莱诺·布卢姆	Lenore Blum
莱斯特	Lestat
蓝色基因	Blue Gene
蓝色起源	Blue Origin
劳拉·贝茨	Laura Bates

马特·麦考伦	Matt McMullen
马文·明斯基	Marvin Minsky
玛格丽特·阿特伍德	Margaret Atwood
玛格丽特·汉密尔顿	Margaret Hamilton
玛格丽特·撒切尔	Margaret Thatcher
玛格丽特·怀兹·布朗	Margaret Wise Brown
玛丽·爱德华兹	Mary Edwards
玛丽·雪莱	Mary Shelley
玛丽·沃斯通克拉夫特	Mary Wollstonecraft
玛丽娅·特蕾莎	Maria Theresa
玛利亚·卡拉斯	Maria Callas
玛琳·韦斯科夫	Marlyn Wescoff
玛莎·葛兰姆	Martha Graham
迈克尔·法拉第	Michael Faraday
梅菲斯特	Mephistopheles
阿帕网	Advanced Research Projects Agency Network (ARPANET)
美国太空探索技术公司	SpaceX
美国太空总署	NASA
米格道	MGTOW
米利森特·福西特	Millicent Fawcett
"男半球"论坛	Manosphere
尼克·波斯特洛姆	Nick Bostrom
匿名者Q	QAnon
诺伯特·维纳	Norbert Wiener
帕洛阿尔托长寿奖	Palo Alto Longevity Prize

皮埃尔·奥米迪亚	Pierre Omidyar
皮格马利翁	Pygmalion
珀西·比希·雪莱	Percy Bysshe Shelley
普累若麻	Pleroma
乔丹·彼得森	Jordan Peterson
乔丝琳·贝尔·伯内尔	Jocelyn Bell Burnell
乔万尼·阿尔迪尼	Giovanni Aldini
乔伊·布兰维尼	Joy Buolamwini
乔治·艾略特	George Eliot
乔治·奥威尔	George Orwell
乔治·布尔	George Boole
琼·詹宁斯	Jean Jennings
让-雅克·卢梭	Jean-Jacques Rousseau
人类世	Anthropocene
茹尔·龚古尔	Jules Goncourt
儒勒·凡尔纳	Jules Verne
软银公司	SoftBank Robotics
萨缪尔·克朗普顿	Samuel Crompton
萨姆·阿尔特曼	Sam Altman
赛丽·查哈尔	Sairee Chahal
森喜朗	Yoshiri Mori
沙·贾汗	Shah Jahan
舍金娜	Shekinah
史蒂夫·奥斯丁	Steve Austin
史蒂夫·班农	Steve Bannon
史蒂夫·乔布斯	Steve Jobs

小熊维尼	Winnie the Pooh
小野洋子	Yoko Ono
肖沙娜·朱伯夫	Shoshana Zuboff
谢尔盖·布林	Sergey Brin
谢丽尔·桑德伯格	Sheryl Sandberg
新星世	Novacene
"星链"项目	Starlink
学者厌食症	anorexia scholastica
雅卡尔提花机	Jacquard loom
亚大伯斯	Yaldabaoth
亚利桑多·斯图米亚	Alessandro Strumia
伊丽莎白·加勒特·安德森	Elizabeth Garrett Anderson
伊莉莎	Eliza
伊桑巴德·金德姆·布鲁内尔	Isambard Kingdom Brunel
尹准	Joon Yun
英国皇家学会	The Royal Society
英国人文主义协会	British Humanist Association
英国医学会	British Medical Association
尤利西斯	Ulysses
尤瓦尔·诺亚·赫拉利	Yuval Noah Harari
"与克劳斯一起编程"	Kode with Klossy
约翰·安布罗斯·弗莱明	John Ambrose Fleming
约翰·波利多里	John Polidori
约翰·道尔顿	John Dalton
约翰·冯·诺依曼	John von Neumann
约翰·华生	John Watson

约翰 · 卡朋特	John Carpenter
约翰 · 列侬	John Lennon
约翰 · 洛克	John Locke
约翰 · 麦卡锡	John McCarthy
约翰 · 梅纳德 · 凯恩斯	John Maynard Keynes
约翰 · 莫奇利	John Mauchly
约翰 · 斯图尔特 · 穆勒	John Stuart Mill
约翰 · 卫斯理	John Wesley
约翰 · 温德姆	John Wyndham
约翰尼斯 · 开普勒	Johannes Kepler
约瑟夫 · 玛丽 · 雅卡尔	Joseph-Marie Jacquard
约瑟夫 · 斯蒂格利茨	Joseph Stiglitz
詹姆斯 · 哈格里夫斯	James Hargreaves
詹姆斯 · 克拉克 · 麦克斯韦	James Clerk Maxwell
詹姆斯 · 洛夫洛克	James Lovelock
詹姆斯 · 达莫尔	James Damore
珍妮弗 · 道德纳	Jennifer A. Doudna
珍妮机	Spinning Jenny
朱利安 · 赫胥黎	Julian Huxley
卓瑞尔河岸天文台	Jodrell Bank Telescope
"自由职业程序员"公司	Freelance Programmers

这些章节不是研究课题，而是一份勘探记录。我的"旅行箱"已化为我的精神内核（包括我头脑中的东西），而此刻那已是一份长长的书单了。变老也是有好处的。

每一章都有许多引用书目，但以下资料是对我来说帮助最大的：

洛芙莱斯至上

Frankenstein, Mary Shelley, 1818

Frankissstein: A Love Story, Jeanette Winterson, 2019

The Thrilling Adventures of Lovelace and Babbage: The (Mostly) True Story of the First Computer, Sydney Padua, 2015（附注，这本书棒极了！）

Sketch of the Analytical Engine invented by Charles Babbage, Esq ... with notes by the translator, L. F. Menabrea, 1842. Extracted from the 'Scientific Memoirs' [The translator's notes signed: A.L.L. i.e. Augusta Ada King, Countess Lovelace.]

Byron: Life and Legend, Fiona MacCarthy, 2002

Romantic Outlaws: The Extraordinary Lives of Mary Wollstonecraft and her Daughter Mary Shelley, Charlotte Gordon, 2015

A Vindication of the Rights of Woman: With Strictures on Political and Moral Subjects, Mary Wollstonecraft, 1792

Rights of Man, Thomas Paine, 1791

The United States Declaration of Independence, 1776

The Social Contract, Jean-Jacques Rousseau, 1762

Enquiry Concerning Political Justice and Its Influence on Morals and Happiness, William Godwin, 1793

Cold Comfort Farm, Stella Gibbons, 1932

Hidden Figures (movie), directed by Theodore Melfi, 2016

'The Women of ENIAC' (essay), *IEEE Annals of the History of Computing*, 1996 (Interviewing 10 of the women who worked with the computer during its 10-year run)

The Creativity Code: Art and Innovation in the Age of AI, Marcus du Sautoy, 2019

Howards End, E. M. Forster, 1910

看得见风景的纺织机

A Cyborg Manifesto, 1985, and *Staying with the Trouble*, 2016, Donna J. Haraway

The Singularity Is Near: When Humans Transcend Biology, Ray Kurzweil, 2005

The Condition of the Working Class in England, Friedrich Engels, 1845

The Communist Manifesto, Karl Marx and Friedrich Engels, 1848

The Subjection of Women, John Stuart Mill, 1869

The Making of the English Working Class, E. P. Thompson, 1963

Industry and Empire: From 1750 to the Present Day, Eric Hobsbawm, 1968

Why the West Rules – For Now, Ian Morris, 2010

Debt: The First 5000 Years, David Graeber, 2011

'The Masque of Anarchy' (poem), Percy Bysshe Shelley, 1832: 'Ye are many—they are few'

'A Short History of Enclosure in Britain' (essay), Simon Fairlie, 2009

PostCapitalism: A Guide to Our Future, Paul Mason, 2015

Capital in the Twenty-First Century, Thomas Piketty, 2013

Move Fast and Break Things: How Facebook, Google, and Amazon

have cornered culture and undermined democracy, Jonathan Taplin, 2017

The Mill on the Floss, George Eliot, 1860

从科幻小说到无线网，再到"我联网"

Rocannon's World, Ursula K. Le Guin, 1966 *The Midwich Cuckoos*, John Wyndham, 1957 *Brave New World*, Aldous Huxley, 1932

Weaving the Web: The Original Design and Ultimate Destiny of the World Wide Web, Tim Berners-Lee, 1999

'We Can Remember It for You Wholesale ' (short story), Philip K. Dick, 1966

The Age of Surveillance Capitalism: The Fight for a Human Future at the New Frontier of Power, Shoshana Zuboff, 2018.

The Four: The Hidden DNA of Amazon, Apple, Facebook, and Google, Scott Galloway, 2017

Becoming Steve Jobs: The Evolution of a Reckless Upstart, Brent Schlender and Rick Tetzeli, 2015

How Google Works, Eric Schmidt and Jonathan Rosenberg, 2014 *The Art of Electronics*, Paul Horowitz and Winfield Hill, 1980.

（附注：我会买这本书，只因为我以为它是温尼弗雷德·希尔 [1] 的传记——女生可不会搭电路，不是吗？不管怎样，这是本好书。）

诺斯替派的独家秘籍

The Society of Mind, Marvin Minsky, 1986

2001: A Space Odyssey, Arthur C. Clarke, 1968

Probability and the Weighing of Evidence, I. J. Good, 1950

---

[1] 温尼弗雷德·希尔：美国女演员，名字与《电子学》的作者温菲尔德·希尔相似。——译者注

Our Final Invention: Artificial Intelligence and the End of the Human Era, James Barrat, 2013

'Computing Machinery and Intelligence' (article), Alan Turing, 1950

The Gnostic Gospels, Elaine Pagels, 1979

The Nag Hammadi Scriptures, edited by Marvin W. Meyer, 2007

Mysterium Coniunctionis, Carl Jung, 1955

On the Origin of Species, Charles Darwin, 1859

The Odyssey, Homer

他不重，他是我的佛

An Introduction to Cybernetics, W. Ross Ashby, 1956

Buddhism for Beginners, Thubten Chodron, 2001

The Tao of Physics: An Exploration of the Parallels Between Modern Physics and Eastern Mysticism, Fritjof Capra, 1975

The Systems View of Life: A Unifying Vision, Fritjof Capra and Pier Luigi Luisi, 2014

Wholeness and the Implicate Order, David Bohm, 1980

Reality Is Not What It Seems, Carlo Rovelli, 2014

A History of Western Philosophy, Bertrand Russell, 1945

The Sovereignty of Good, Iris Murdoch, 1970

A Little History of Philosophy, Nigel Warburton, 2011

The Symposium, Plato

On the Soul and *Poetics*, Aristotle

Aristotle's Way: How Ancient Wisdom Can Change Your Life, Edith Hall, 2018

Shakespeare's sonnets

Opticks, Isaac Newton, 1704

The Future of the Mind: The Scientific Quest to Understand, Enhance and Empower the Mind, Michio Kaku, 2014［我正准备读加来道雄的《神的方程式：对万有理论的追求》（2021 年）。我推荐他所有的著作。］

The Age of Spiritual Machines: When Computers Exceed Human Intelligence, Ray Kurzweil, 1999

Novacene: The Coming Age of Hyperintelligence, James Lovelock, 2019（以及他的一切作品）

燃煤吸血鬼

Epic of Gilgamesh (world's earliest surviving text)

Dracula, Bram Stoker, 1897

Interview with the Vampire, Anne Rice, 1976 The Twilight saga, Stephenie Meyer 2005–20 *The Picture of Dorian Gray*, Oscar Wilde, 1890 *Faust*, Goethe, 1808

The Divine Comedy, Dante, 1472

'Piers Plowman' (poem), William Langland, 1370–90 'The Vampyre' (short story), John William Polidori, 1819

How to Create a Mind: The Secret of Human Thought Revealed, Ray Kurzweil, 2012

'Transhumanism' (article), Julian Huxley, 1968

Superintelligence: Paths, Dangers, Strategies, Nick Bostrom, 2014

To Be a Machine: Adventures Among Cyborgs, Utopians, Hackers, and the Futurists Solving the Modest Problem of Death, Mark O'Connell, 2017

（我应该在这一章节中提到《致羞怯的情人》。它讲的就是死亡——以及如何面对死亡。）

另外也可以看一看耶罗尼米斯·博斯的画作《地狱的痛苦》。如果上网搜索，你也发现一家叫这个名字的商店，所以我想"救赎"如今也已经是一种购物体验了。

为机器人萌动的春心

这一章的参考资料都写在正文里了，朋友们！没必要再复述一遍。只有一条：玛吉·皮尔斯的小说《他、她和它》。这部作品描写了一段赛博格恋情，其中男方是赛博格，女方则占据了主导权。小说出版于1991年——此后科技不断进步，我们的思想却并没有前进。

我的小熊会说话

All the Winnie the Pooh books! A. A. Milne, 1926

Goodnight Moon, Margaret Wise Brown, 1947

The Child and the Family: First Relationships, 1957, *The Child, the Family, and the Outside World*, 1964, and *Playing and Reality*, 1971, Donald Winnicott

I, Robot, Isaac Asimov, 1950

I Sing the Body Electric!, Ray Bradbury, 1969

Do Androids Dream of Electric Sheep?, Philip K Dick, 1968

R.U.R.: Rossum's Universal Robots, Karel Čapek, 1920

AI: Its Nature and Future, Margaret A. Boden, 2016

My Robot Gets Me: How Social Design Can Make New Products More Human, Carla Diana, 2021

去他的二元论

The Descent of Man, and Selection in Relation to Sex, Charles Darwin, 1871

Hereditary Genius, Francis Galton, 1869

An Essay Concerning Human Understanding, John Locke, 1689

Orlando: A Biography, Virginia Woolf, 1928

The Left Hand of Darkness, Ursula K. Le Guin, 1969

The Handmaid's Tale, Margaret Atwood, 1985

Written on the Body, 1992, and *The Powerbook*, 2000, Jeanette Winterson

Freshwater, Akwaeke Emezi, 2018

Gender Trouble: Feminism and the Subversion of Identity, Judith Butler, 1990

The Hélène Cixous Reader, Ed. Susan Sellers, 1994

The Dialectic of Sex: The Case for Feminist Revolution, Shulamith Firestone, 1970

Sapiens: A Brief History of Humankind, Yuval Noah Harari, 2011

Invisible Women: Exposing Data Bias in a World Designed for Men, Caroline Criado Perez, 2019

The *I-Ching*

Testosterone Rex: Myths of Sex, Science, and Society, Cordelia Fine, 2017（以及她过去和未来的一切作品）

The Gendered Brain: The New Neuroscience That Shatters the Myth of the Female Brain, Gina Rippon, 2019

未来不是女性

Unlocking the Clubhouse: Women in Computing, Jane Margolis and Allan Fisher, 2002

Programmed Inequality: How Britain Discarded Women Technologists and Lost Its Edge in Computing, Marie Hicks, 2017 *Algorithims of Oppression: How Search Engines Reinforce Racism*, Safiya Umoja Noble, 2018

The Glass Universe: How the Ladies of the Harvard Observatory Took the Measure of the Stars, Dava Sobel, 2016

Let it Go: My Extraordinary Story – from Refugee to Entrepreneur to Philanthropist, the memoir of Dame Stephanie Shirley, 2012（如果你没时间看书，就听听她的 TED 演讲吧）

Uncanny Valley, Anna Wiener, 2020

The Second Sex, Simone de Beauvoir, 1949

Hackers: Heroes of the Computer Revolution, Steven Levy, 1984

Psychology of Crowds, Gustave Le Bon, 1896

Lean In: Women, Work, and the Will to Lead, Sheryl Sandberg, 2013

Difficult Women: A History of Feminism in 11 Fights, Helen Lewis, 2020

A Room of One's Own, Virginia Woolf, 1929

Your Computer Is on Fire, various editors, 2021（在本书付印时还没来得及阅读，但看上去是本好书）

The Blank Slate: The Modern Denial of Human Nature, Steven Pinker, 2002

Of Woman Born: Motherhood as Experience and Institution, Adrienne Rich, 1976

The Better Half: On the Genetic Superiority of Women, Sharon Moalem, 2020

侏罗纪汽车公园

Nineteen Eighty-Four, George Orwell, 1949

The War of the Worlds, H. G. Wells, 1898

People, Power, and Profits: Progressive Capitalism for an Age of Discontent, Joseph Stiglitz, 2019

The Sixth Extinction: An Unnatural History, Elizabeth Kolbert, 2014

Utopia for Realists: The Case for a Universal Basic Income, Open Borders, and a 15-hour Workweek, 2014, and *Humankind: A Hopeful History*, 2019, Rutger Bregman

Notes from an Apocalypse: A Personal Journey to the End of the World and Back, Mark O'Connell, 2020

The Better Angels of Our Nature: Why Violence Has Declined, Steven Pinker, 2011

Blockchain Chicken Farm: And Other Stories of Tech in China's Countryside, Xiaowei Wang, 2020

Life 3.0: Being Human in the Age of Artificial Intelligence, Max Tegmark, 2017

The Alignment Problem: How Can Machines Learn Human Values?, Brian Christian, 2021

我爱，故我在

这一章没有书单。它涵盖你的所有。

致谢

感谢我的代理人卡罗琳·米歇尔，以及 PFD 代理公司的优秀团队。感谢本书的英国出版人瑞秋·库格诺尼，以及 Vintage 出版社的编辑安娜·弗莱彻，她不断地推进着这个项目。感谢美国格罗夫出版公司的伊丽莎白·施密茨——早在立项之时，这位女士便一直在跟进负责。

感谢每一个为本书贡献过有用意见的人，例如在布尔代数方面提供过帮助的保罗·席勒，还有乔斯·凯尔文，这位数字创新者了解讲述新故事的价值。感谢劳拉·伊万斯，她编审书稿，照料我的花园，也照顾着我。